建筑电气与安全用电

主　编　李唐兵　龙　洋

副主编　游勇华　简　讯　敖　勤

西南交通大学出版社
·成　都·

图书在版编目（ＣＩＰ）数据

建筑电气与安全用电 / 李唐兵，龙洋主编. —成都：
西南交通大学出版社，2018.5（2022.7 重印）
ISBN 978-7-5643-6159-4

Ⅰ. ①建… Ⅱ. ①李… ②龙… Ⅲ. ①建筑工程 – 电
气设备 – 安全用电 – 高等学校 – 教材 Ⅳ. ①TU85

中国版本图书馆 CIP 数据核字（2018）第 084992 号

建筑电气与安全用电

主 编／李唐兵 龙 洋 　　责任编辑／穆 丰
　　　　　　　　　　　　　　封面设计／何东琳设计工作室

西南交通大学出版社出版发行

（四川省成都市金牛区二环路北一段 111 号西南交通大学创新大厦 21 楼 　610031）
发行部电话：028-87600564 　　028-87600533
网址：http://www.xnjdcbs.com
印刷：四川森林印务有限责任公司

成品尺寸 　185 mm×260 mm
印张 　12 　字数 　314 千
版次 　2018 年 5 月第 1 版 　　印次 　2022 年 7 月第 2 次

书号 　ISBN 978-7-5643-6159-4
定价 　32.00 元

前　言

随着水利和建筑事业的飞速发展，以及职业教育教学的不断深入，学科的交叉性和渗透性越来越高。围绕水利建筑发展的需求，服务水利和建筑专业的理念，结合多年的教学和实践经验，编写了水利和建筑专业适用的电工教材。

本教材注重实际，具有明显的知识性和实用性。通过这套教材的使用，使读者了解和掌握电工的相关概念和技术，了解安全用电的方式方法。本教材编写过程中做过多次调研，能适用于教学及自学，能作为教师的教学参考资料，也能成为学生的学习资料，以及专业学习的补充资料。

全书共分9章，国网江西省电力有限公司电力科学研究院高级工程师李唐兵和江西水利职业学院龙洋老师担任主编，国网江西省电力有限公司电力科学研究院高级工程师游勇华、江西水利职业学院简讯、敖勤老师担任副主编。李唐兵编写第2章；龙洋老师编写第1章、第4章、第6章、第8章和第9章；游勇华编写第3章；简讯老师编写第5章；敖勤老师编写第7章。全书由龙洋统稿，李唐兵、龙洋审稿。第1章介绍了电工基础理论知识；第2章讲述变压器的运行及特点；第3章介绍了交流电机的构造和运行；第4章介绍电力系统相关内容；第5章讲解建筑防雷的标准和方法；第6章分别介绍建筑配电及建筑电工负荷计算；第7章为建筑电气工程图的识图；第8章介绍了智能化建筑的结构和特点；第9章介绍安全用电的相关内容。

当然，由于时间紧迫，资源也不是很充足，作者的学术水平、经验不足等，读本中难免会出现一些不足之处，敬请同仁读者批评指正。

编　者
2018 年 3 月

目　录

第1章 电工学常识

1.1 电的相关概念

1. 电 路

电路就是电流通过的路径,由电气元件按一定的方式连接而成。无论是简单电路还是复杂电路,都由三个基本部分组成。

电源:提供电能或信号的装置,如发电机、电池和各种信号源。

负载:即用电设备,它将电能或电信号转换成非电形式的能量或信号。例如,电炉将电能转变为热能,电动机将电能转变为机械能,电解槽将电能转变为化学能,电视机能将电磁波信号转变为视听信号,等等。

中间设备:电源和负载之间的连接设备,用来传输、分配和控制电能和电信号。如导线、开关、仪表及保护装置等设备。

电路有三种状态(见图1-1):

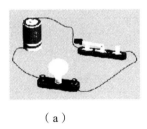 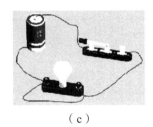

（a） （b） （c）

图 1-1 电路的三种状态

（1）工作状态。把电路中的开关接通,使电源与负载连通,构成了闭合回路。在小灯泡的电路中,当开关闭合后小灯泡亮起来的工作状态,这时电路中有电流,电池供给电能,灯泡消耗电能转变为热能发光。这种状态又称为通路或闭路,如图1-1（a）所示。

（2）开路状态。开关打开,小灯泡熄灭,电路中没有电流通过的状态称为开路,又叫作断路,如图1-1（b）所示。

（3）短路状态。当电源两端的导线直接相连,这时电源输出的电流不经过负载,只经过连接导线直接流回电源,此时电路中出现很大的电流可能会损坏电气设备,应该及时避免,如图1-1（c）。

2. 电路模型与电路图

（1）电路模型。

由理想元件组成的与实际电器元件相对应的电路,并用统一规定的符号表示而构成的电

路，就是实际电路的模型。电路模型是实际电路抽象而成的，它近似地反映实际电路的电气特性。用不同特性的电路元件按照不同的方式连接就构成不同特性的电路。

（2）电路图。

用电路元件符号表示电路连接的图，叫电路图。由电路图可以得知组件间的工作原理，为分析性能，安装电子、电器产品提供规划方案。

实际电路和电路图的关系如图1-2所示。常用电气元件符号电路模型如表1-1所示。

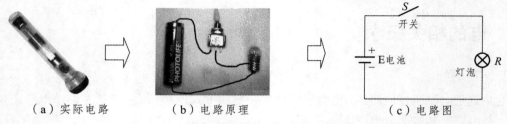

（a）实际电路　　　　（b）电路原理　　　　（c）电路图

图 1-2　实际电路与电路图的关系

表 1-1　常用电气元件符号与电路模型

图形符号	名称	图形符号	名称	图形符号	名称
S	开关		电阻器		接机壳
	电池		电位器		接地
G	发电机		电容器	o	端子
	线圈	A	电流表		连接导线不连接导线
	铁心线圈	V	电压表		熔断器
	抽头线圈		扬声器	⊗	灯

3. 电 流

电流是电荷定向运动形成的。在金属导体中，电流是由自由电子在外电场作用下，有规则运动形成的。在某些液体和气体中，电流是由阴离子或阳离子在电场力作用下进行有规则运动形成的。

规定正电荷的移动方向为电流的方向。在分析与计算电路时，有时事先无法确定电路中电流的真实方向。为了计算方便，先假设一个电流方向，称为电流的参考方向，用箭头在电路图中表明。如果计算结果电流为正值，则电流的实际方向与参考方向一致；如果计算结果电流为负值，则电流的实际方向与参考方向相反。如图1-3所示。

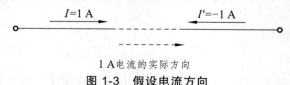

图 1-3　假设电流方向

电流的大小等于通过导体横截面的电荷量与通过这些电荷量所用的时间的比值。设有一电流流过导体，若在时间 t 内穿过导体截面 S 的电荷为 q，则通过导体的电流定义为

$$I = \frac{q}{t} \tag{1-1}$$

电流的单位是安培（A）。1 A（安）就是每秒通过导体横截面的电荷量为 1 C（库）。此外，电流单位符号还常用 kA（千安）、mA（毫安）和 uA（微安）等表示。它们与 A（安）的关系是

$$1\,kA = 10^3\,A, \quad 1\,mA = 10^{-3}\,A, \quad 1\,uA = 10^{-6}\,A$$

4. 电压与电动势

电压也称作电势差或电位差，是衡量单位电荷在静电场中由于电势不同所产生的能量差的物理量。此概念与水位高低所造成的"水压"相似。其大小等于单位正电荷因受电场力作用从 A 点移动到 B 点所做的功，电压的方向规定为从高电位指向低电位的方向。电压的国际单位制为伏特（V，简称伏），常用的单位还有毫伏（mV）、微伏（μV）、千伏（kV）等。

它们之间的换算关系是：

$$1\,kV = 1\,000\,V, \quad 1\,V = 1\,000\,mV, \quad 1\,mV = 1\,000\,\mu V$$

电路中因其他形式的能量转换为电能所引起的电位差，叫做电动势，简称电势。用字母 E 表示，单位是伏（V）。

电动势是描述电源性质的重要物理量。电源的电动势是和非静电力的功密切联系的。所谓非静电力，主要是指化学力和磁力。在电源内部，非静电力把正电荷从负极板移到正极板时要对电荷做功，这个做功的物理过程是产生电源电动势的本质。非静电力所做的功，反映了其他形式的能量有多少变成了电能。因此，在电源内部，非静电力做功的过程是能量相互转化的过程。电源的电动势正是由此定义的，即非静电力把正电荷从负极移到正极所做的功与该电荷电量的比值。

电动势的大小等于非静电力把单位正电荷从电源的负极经过电源内部移到电源正极所做的功。比如设 W 为电源中非静电力（电源力）把正电荷量 q 从负极经过电源内部移送到电源正极所做的功，其跟被移送的电荷量的比值就是电动势，则电动势大小为

$$E = \frac{W}{q} \tag{1-2}$$

电动势是电源的专有名词，而电压是指外电路。电源电动势的大小等于外电路电压加上电源内部电压。电路开路时，电压等于电源电动势。电动势的方向规定为从电源的负极经过电源内部指向电源的正极，即与电源两端电压的方向相反。

5. 电功与电功率

把电能转换成其他形式的能量时（如热能、光能），电流都要做功。电流所做的功叫作电

功。根据公式 $I = \dfrac{q}{t}$、$U = \dfrac{A}{q}$ 以及欧姆定律，可得电功 W 的数学式为

$$W = Uq = IUt \tag{1-3}$$

或
$$W = I^2 Rt \tag{1-4}$$

或
$$W = \frac{U^2}{R} t \tag{1-5}$$

式中，若电压单位为伏，电流单位为安，电阻单位为欧，时间单位为秒，则电功单位就是焦耳，简称焦，用字母 J 表示。

电功不能表示电流做功的快慢，因为不知道这些功是在多长时间内完成的，我们把单位时间内电流所做的功称为电功率，用字母 P 表示，即：

$$P = \frac{W}{t} \tag{1-6}$$

式中，若电功单位为焦耳，时间单位为秒，则电功率的单位是焦耳／秒。焦耳／秒又称瓦特，简称瓦，用字母 W 表示。

在实际工作中，电功率的常用单位还有千瓦（kW）、毫瓦（mW）以及马力等。

1 千瓦（kW）$= 10^3$ 瓦（W）

1 毫瓦（mW）$= 10^{-3}$ 瓦（W）

1 马力 $= 0.735$ kW

在实际工作中，电功的单位常用千瓦小时（kW·h），也叫"度"。我们经常所说的 1 度电就是 1 千瓦·小时。负载消耗电功的多少，可以用电度表来测量。

例 1-1　一个额定值为"220 V、60 W"的白炽灯，平均每天使用 3 小时，电价是 0.6 元/(kW·h)，每月（30 天）应付多少电费？

解：由已知条件得白炽灯功率为 $P = 60$ W $= 0.06$ kW

每天消耗的电能为：$W = Pt = 0.06$ kW $\times 3$h $= 0.18$ kW·h

每月消耗的电能为：0.18×30 kW·h $= 5.4$ kW·h

每月的电费为：$5.4 \times 0.6 = 3.24$ 元

6. 电气设备的额定值

电气设备通电时，电流会使导电部分发热，使设备的温度升高。电流越大，温度升得越高，可能烧毁设备。为了保证设备长期安全运行，各种电气设备都规定了正常工作条件下最大允许电流的数值，称为额定电流，用符号 I_N 表示。

很多电气设备给出了正常工作条件下允许电压的最大值，称为额定电压，记作 U_N。如灯泡上标"220 V、60 W"、电容器标有"400 V、20 uF"等。如果设备超过额定电压工作，可能因电流过大而影响使用寿命，也可能因超过绝缘的耐压水平而损坏设备。

电气设备的额定电流、额定电压、额定功率及其他规定值（如电机的额定转速、额定转矩等）称为电气设备的额定值。额定值通常标在设备的铭牌上，所以也称铭牌值。电量的额定值一般只给出两个，其他可由公式计算得出。电气设备的额定值是按一定的运行条件而确定，如

4

电力变压器是按环境温度 40 ℃ 设计的。如果环境温度高于 40 ℃，运行时要降低额定电流。

1.2　直流电路

直流电路就是电流方向不变的电路。直流电路的电流大小是可以改变的。电流的大小、方向都不变的称为恒定电流。

1. 电阻的串并联

接入电路中的用电器或电阻器有各种规格和阻值，使用时可根据需要将它们适当的连接，构成具有两个连接端的一个"组合电阻"，它可用一个等效的电阻来代替，其阻值叫做组合电阻的等效电阻（或总电阻）。电阻连接的基本方式有串联和并联两种。

1）电阻的串联

（1）电阻串联电路如图 1-4 所示。

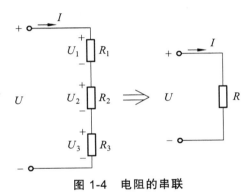

图 1-4　电阻的串联

（2）电阻串联电路的特点。

（a）通过各电阻的电流相同，同为 I。

（b）总电压等于各电阻分电压之和。即。

$$U = U_1 + U_2 + U_3$$

（c）几个电阻串联的电路，可以用一个等效电阻 R 替代。

$$R = R_1 + R_2 + R_3$$

（d）分压公式。

$$U_1 = R_1 I = \frac{R_1}{R}U \ ; \ \ U_2 = R_2 I = \frac{R_2}{R}U \ 。$$

（e）功率分配。各个电阻上消耗的功率之和等于等效电阻吸收的功率，即：

$$P = P_1 + P_2 + P_3 = R_1 I^2 + R_2 I^2 + R_3 I^2 = R I^2$$

应用：降压、限流、调节电压等。

2）电阻的并联

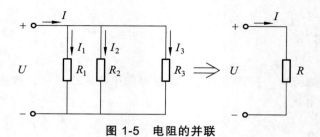

图 1-5　电阻的并联

（1）电阻并联电路。如图 1-5 所示。

（2）电阻并联电路的特点。

（a）各电阻上电压相同；

（b）各分支电流之和等于等效后的电流，即

$$I = I_1 + I_2 + I_3；$$

（c）几个电阻并联后的电路，可以用一个等效电阻 R 替代，即

$$\frac{1}{R} = \frac{1}{R_1} + \frac{1}{R_2} + \frac{1}{R_3}；\quad G = G_1 + G_2 + G_3。$$

两个电阻并联时

$$R = \frac{R_1 R_2}{R_1 + R_2}，\quad I_1 = \frac{R_2}{R_1 + R_2}I，\quad I_2 = \frac{R_1}{R_1 + R_2}I$$

（d）分流公式。

$$I_1 = \frac{R}{R_1}I = \frac{G_1}{G}I，\quad I_2 = \frac{R}{R_2}I = \frac{G_2}{G}I$$

两电阻并联时的分流公式：

$$I_1 = \frac{R_2}{R_1 + R_2}I，\quad I_2 = \frac{R_1}{R_1 + R_2}I$$

（e）功率分配：

$$P = P_1 + P_2 + P_3 = \frac{U^2}{R_1} + \frac{U^2}{R_2} + \frac{U^2}{R_3} = \frac{U^2}{R}$$

应用：分流、调节电流等。

3）混联电路

电路里面有串联也有并联的就叫混联电路，如图 1-6 所示。其中图 1-6（a）所示混联电路中，$R2$ 和 $R3$ 先并联，然后与 R_1 串联；图 1-6（b）所示混联电路中，R_2 和 R_3 先串联，然后和 R_1 并联。

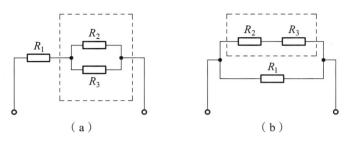

（a）　　　　　　　　　　　（b）

图 1-6　混联电路

混联电路的等效电路常用等电势点法。等电势点法的步骤为：

（1）观察电路图，按 a→b 的顺序对各个节点对各个节标以字母 A，B，C⋯⋯

（2）对每个电阻按所联节点编号顺次连接起来，就可得等效电路图。

（3）根据等效电路图判定串并联关系。

例 1-2　求图中混联电路的等效电阻

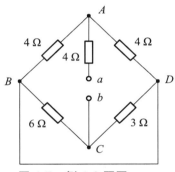

图 1-7　例 1-2 题图

利用等电势点法等效电路图为

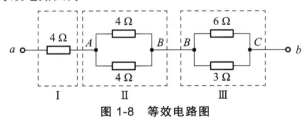

图 1-8　等效电路图

$$R_{ab} = 4\,\Omega + (4\,\Omega\,/\!/\,4\,\Omega) + (6\,\Omega\,/\!/\,3\,\Omega) = 4\,\Omega + \frac{4 \times 4}{4 + 4}\,\Omega + \frac{6 \times 3}{6 + 3}\,\Omega = 8\,\Omega$$

2. 欧姆定律

1）部分电路欧姆定律

当在电阻 R 两端加上电压 U 时，电阻中就有电流通过，如图 1-9 所示。

欧姆定律：通过电阻器的电流 I，与电阻两端的电压 U 成正比，

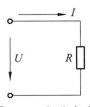

式为

$$I = \frac{U}{R} \quad 或 \quad U = IR \tag{1-7}$$

若电压、电流的参考方向不一致，则式（1-7）应写为：

$$I = -\frac{U}{R} \quad 或 \quad U = -IR$$

欧姆定律揭示了电路中电流、电压、电阻三者之间的关系，是电路的基本定律之一，它的应用非常广泛。

例 1–3 有一电阻，当它两端加上 10 V 电压时，流过的电流为 0.5 A，求电阻的阻值。

解： 由 $I = \frac{U}{R}$ 得

$$R = \frac{U}{I} = \frac{10}{0.5} = 20(\Omega)$$

答：所求电阻的阻值为 20 Ω。

2）全电路欧姆定律

全电路是指含有电源的闭合电路，如图 1-10 所示。电源的内部一般都是有电阻的，此电阻称为内电阻（以下称电阻），用 R_0 表示。为了分析方便，通常在电路图上把 R_0 单独画出（也可以不单独画出，只在电源符号的旁边注明内阻的数值）。

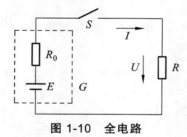

图 1-10　全电路

当开关 S 闭合时，负载 R 上就有电流流过，这是因为电阻两端有了电压 U 的缘故。电压 U 是电动势 E 产生的，它既是电阻两端的电压，又是电源的端电压。

下面讨论 E 与 U 的关系。开关 S 断开时，电源的端电压在数值上等于电源的电动势（方向是相反的）。当 S 闭合后，如果用电压表测量电阻两端的电压便会发现，所测数值比开路电压小，或者说，闭合电路中电源的端电压小于电源的电动势，这是为什么呢？这是因为电流流过电源内部时，在内阻上产生了电压降 $U_0 = IR_0$。可见电路闭合时端电压 U 应该等于电源电动势减去电源内部压降 U_0，即

$$U = E - U_0$$

把 $U_0 = IR_0$ 和 $U = IR$ 代入上式可得：

$$I = \frac{E}{R + R_0} \qquad\qquad (1\text{-}8)$$

3. 基尔霍夫定律

1）关于电路结构的几个名词

（1）支路：电路中通过同一电流的每一个分支称为支路。

（2）节点：3 条或 3 条以上支路的连接点叫节点。

（3）回路：电路中任意闭合路径称为回路。

（4）网孔：内部没有跨接支路的回路称为网孔。

如图 1-11 所示电路图中，支路有 6 条，节点有 a、b、c、d4 个，回路有 8 个，网孔有 3 个。

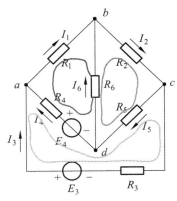

图 1-11　电路图

2）基尔霍夫电流定律（KCL）

（1）内容：任一时刻，流入电路中任一节点的电流之和等于该节点流出的电流之和

表达式为

$$\sum i_{入} = \sum i_{出} \ 或 \ \sum I_{入} = \sum I_{出} \ （节点电流方程）$$

注：① 需要注意的是，KCL 中所提到的电流的"流入"与"流出"，均以电流的参考方向为准，而不论其实际方向如何。流入节点的电流是指电流的参考方向指向该节点，流出节点的电流其参考方向背离该节点。

② KCL 可改写为 $\sum I = 0$，即：对电路任一节点而言，电流的代数和恒等于零。

例 1-4　图 1.12 所示电路中，已知 $I_1 = 1\,\text{A}$，$I_2 = 2\,\text{A}$，$I_5 = 3\,\text{A}$，求该电路的未知电流。

解：由 KCL 定律知

对于节点 a，有 $I_3 = I_1 + I_2 = 1 + 2 = 3 \ (\text{A})$

对于节点 b，有 $I_5 = I_3 + I_4$ 所以 $I_4 = I_5 - I_3 = 3 - 3 = 0 \ (\text{A})$

对于节点 c，有 $I_6 = I_2 + I_4 = 2 + 0 = 2 \ (\text{A})$

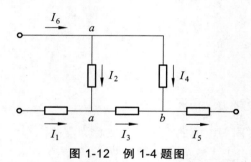

图 1-12　例 1-4 题图

（2）KCL 的推广：KCL 不仅适用于电路中的任一节点，还可推广应用于电路中任意假定的闭合曲面。

3）基尔霍夫电压定律（KVL）

（1）内容：任一时刻，沿任一闭合回路内各段电压的代数和恒等于零。

表达式：$\sum U = 0$ 或 $\sum u = 0$（回路电压方程）

注：① 在列写回路电压方程时，首先应选定回路的绕行方向。

凡电压参考方向与回路绕行方向一致时，该电压取正。

凡电压参考方向与回路绕行方向相反时，该电压取负。

② KVL 不管是线性电路还是非线性电路，KVL 定律都是适用的。

③ 如果回路为一单回路，通常将回路的绕行方向与回路电流的参考方向保持一致

例 1-5　如图所示的电路中，若 $R_1 = 8\,\Omega, R_2 = 4\,\Omega, R_3 = 6\,\Omega$，$R_4 = 3\Omega, E_1 = 12\,V, E_2 = 9\,V$，求 A 与 B 两点间的电压 U_{AB}

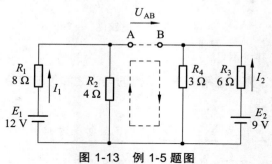

图 1-13　例 1-5 题图

解：由欧姆定律，可得：

$$I_1 = \frac{E_1}{R_1 + R_2} = \frac{12\,V}{8\,\Omega + 4\,\Omega} = 1\,A$$

$$I_2 = \frac{E_2}{R_3 + R_4} = \frac{9\,V}{6\,\Omega + 3\,\Omega} = 1\,A$$

假设回路 $A - B - R_4 - R_2 - A$ 的绕行方向如图 1-13 所示，由 KVL，可得

$$U_{AB} + I_2 R_4 - I_1 R_2 = 0$$

则

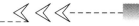

$$U_{AB} = I_1 R_2 - I_2 R_4 = 1\,\text{A} \times 4\,\Omega - 1\,\text{A} \times 3\,\Omega = 1\,\text{V}$$

1.3　交流电路

1.3.1　正弦交流电的产生

1. 正弦交流电的产生

交流发电机结构与原理示意如图 1-14 所示。

由于发电机线圈 cd 边切割磁力线运动，所以其产生的感应电动势为

$$e_{cd} = BLv \sin(\omega t + \varphi_0)$$

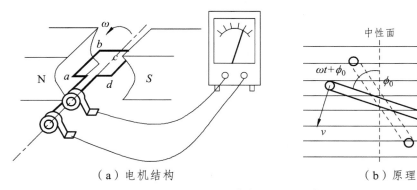

（a）电机结构　　　　　　　　　　（b）原理

图 1-14　交流发电机原理示意图

同理，线圈 ab 边产生的感应电动势为

$$e_{ab} = BLv \sin(\omega t + \varphi_0)$$

所以整个线圈产生的感应电动势为

$$e = e_{ab} + e_{cd} = 2BLv \sin(\omega t + \varphi_0) = E_m \sin(\omega t + \varphi_0)$$

上式中，$E_m = 2BLv$ 是感应电动势的最大值，又叫振幅。

可见，交流发电机产生的电动势按正弦规律变化，可以向外电路输送正弦交流电。

2. 正弦交流电的周期、频率和角频率

1）周　　期

完成一次周期性变化所需用的时间叫做周期，用 T 表示，其单位是秒（s），如图 1-15 所示

2）频　　率

交流电在单位时间内（1 s）完成周期性变化的次数叫做频率，用字母 f 表示，其单位是赫兹，符号为 Hz。此外

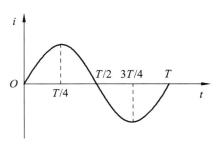

图 1-15　正弦交流电的周期

频率还有常用单位千赫（KHz）和兆赫（MHz）：

$$1\,\text{kHz} = 10^3\,\text{Hz}$$

$$1\,\text{MHz} = 10^6\,\text{Hz}$$

显然，周期和频率之间有倒数关系：

$$T = \frac{1}{f}$$

我国发电厂发出交流电的频率都是 50 Hz，习惯上称之为"工频"。

3）角频率

单位时间内电角度的变化量叫做角频率，用字母 ω 表示，其单位是弧度每秒，符号为 rad/s。显然，角频率和周期、频率有如下关系

$$\omega = \frac{2\pi}{T} = 2\pi f$$

注意：
周期、频率和角频率都是反映交流电变化快慢的物理量。

3. 相位和相位差

1）相　位

任意 t 时刻，发电机线圈平面与中性面的夹角（$\omega t + \varphi_0$）叫做交流电的相位。当 $t = 0$ 时的相位，即（$\varphi = \varphi_0$）叫做初相位，它反映了正弦交流电起始时刻的状态。

相位是表示正弦交流电在某一时刻所处状态的物理量，它不仅决定瞬时值的大小和方向，还能反映正弦交流电的变化趋势。

2）相位差

两个同频率正弦交流电，任意瞬间的相位之差就叫做相位差，用符号 $\Delta\varphi$ 表示。即

$$\Delta\varphi = (\omega t + \varphi_{01}) - (\omega t + \varphi_{02}) = \varphi_{01} - \varphi_{02}$$

显然，两个同频率正弦交流电的相位差，就是它们的初相之差，与时间无关。
相位差的作用是判断两个同频率正弦交流电之间的相位关系，具体判断方法如下：
$\Delta\varphi = \varphi_{01} - \varphi_{02} > 0$ 时，叫作 i_1 超前 i_2；
$\Delta\varphi = \varphi_{01} - \varphi_{02} < 0$ 时，叫作 i_1 滞后 i_2；
$\Delta\varphi = \varphi_{01} - \varphi_{02} = 0$ 时，叫作同相；
$\Delta\varphi = \varphi_{01} - \varphi_{02} = 180$ 时，叫作反相；
$\Delta\varphi = \varphi_{01} - \varphi_{02} = 90$ 时，叫作正交。

注意：
前面所学的振幅、频率（或周期、角频率）和初相统称为正弦交流电的三要素。对于已知的正弦交流电，这三者缺一不可。

4．交流电的有效值

1）引　言

交流电和直流电具有不同的特点，但是从能量转换的角度来看，两者是可以等效的。为此，引入一个新的物理量——交流电的有效值。

2）概　念

一个直流电流与一个交流电流分别通过阻值相等的电阻，如果通电的时间相等，在电阻上产生的热量也相等，那么直流电的数值就叫作交流电的有效值。其用大写字母来表示。理论和实验表明，正弦交流电的有效值与最大值的关系如下

$$I = \frac{I_m}{\sqrt{2}} = 0.707 I_m$$

$$U = \frac{U_m}{\sqrt{2}} = 0.707 U_m$$

$$E = \frac{E_m}{\sqrt{2}} = 0.707 E_m$$

注意

（1）有效值和最大值是从不同角度反映交流电强弱的物理量。通常所说的交流电的电流、电压、电动势的值，如不作特殊说明都是指有效值。

（2）在选择电器的耐压时，必须考虑电压的最大值。

1.3.2　纯电阻电路

只含有电阻元件的交流电路叫做纯电阻电路，如含有白炽灯、电炉、电烙铁等电路。

1．电压、电流的瞬时值关系

电阻与电压、电流的瞬时值之间的关系服从欧姆定律。设加在电阻 R 上的正弦交流电压瞬时值为 $u = U_m\sin(\omega t)$，则通过该电阻的电流瞬时值为

$$i = \frac{u}{R} = \frac{U_m}{R}\sin(\omega t) = I_m\sin(\omega t)$$

其中　　　　　　$I_m = \dfrac{U_m}{R}$

是正弦交流电流的振幅。这说明，正弦交流电压和电流的振幅之间满足欧姆定律。

2．电压、电流的有效值关系

电压、电流的有效值关系又叫作大小关系。

由于纯电阻电路中正弦交流电压和电流的振幅值之间满足欧姆定律，因此把等式两边同时

除以 $\sqrt{2}$ ，即得到有效值关系，即

$$I = \frac{U}{R} \ \text{或} \ U = RI$$

这说明，正弦交流电压和电流的有效值之间也满足欧姆定律。

3．相位关系

电阻的两端电压 u 与通过它的电流 i 同相，其波形图和相量图如图 1-16 所示。

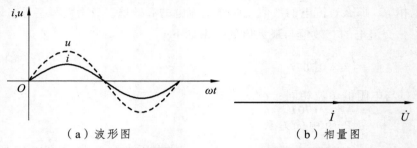

（a）波形图　　　　　　　　　（b）相量图

图 1-16　电阻电压 u 与电流 i 的波形图和相量图

例 8-1　在纯电阻电路中，已知电阻 $R = 44 \ \Omega$ ，交流电压 $u = 311 \sin\left(314t + 30°\right)$ V，求通过该电阻的电流大小，并写出电流的解析式。

解：解析式 $i = \dfrac{u}{R} = 7.071 \sin\left(314t + 30°\right)$ A

大小（有效值）为 $I = \dfrac{7.07}{\sqrt{2}} = 5$ A

1.3.3　纯电感电路

1．电感对交流电的阻碍作用

1）感抗的概念

反映电感对交流电流阻碍作用程度的参数叫做感抗。

2）感抗的因素

纯电感电路中通过正弦交流电流的时候，所呈现的感抗为

$$X_L = \omega L = 2\pi f L$$

式中，自感系数 L 的国际单位制是亨利（H），常用的单位还有毫亨（mH）、微亨（μH），纳亨（nH）等，它们与 H 的换算关系为

$$1 \ \text{mH} = 10^{-3} \ \text{H}, \ 1 \ \mu\text{H} = 10^{-6} \ \text{H}, \ 1 \ \text{nH} = 10^{-9} \ \text{H}$$

如果线圈中不含有导磁介质，则叫作空心电感或线性电感，线性电感 L 在电路中是一常数，与外加电压或通电电流无关。

如果线圈中含有导磁介质时，则电感 L 将不是常数，而是与外加电压或通电电流有关的

量，这样的电感叫做非线性电感，例如铁心电感。

3）线圈在电路中的作用

用于"通直流、阻交流"的电感线圈叫做低频扼流圈，用于"通低频、阻高频"的电感线圈叫做高频扼流圈。

2. 电感电流与电压的关系

1）电感电流与电压的大小关系

电感电流与电压的大小关系为

$$I = \frac{U}{X_L}$$

显然，感抗与电阻的单位相同，都是欧姆（Ω）。

2）电感电流与电压的相位关系

电感电压比电流超前 90°（或 π/2），即电感电流比电压滞后 90°，如图 1-17 所示。

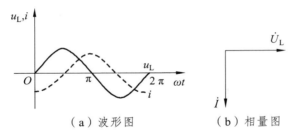

（a）波形图　　　　（b）相量图

图 1-17　电感电压与电流的波形图与相量图

例 1-6 已知一电感 L = 80 mH，外加电压 $u_L = 50\sqrt{2}\sin(314t + 65°)$ V。试求：（1）感抗 X_L，（2）电感中的电流 I_L，（3）电流瞬时值 i_L。

解：（1）电路中的感抗为

$$X_L = \omega L = 314 \times 0.08 \approx 25 \ \Omega$$

（2）$I_L = \dfrac{U_L}{X_L} = \dfrac{50}{25} = 2 \ A$

（3）电感电流 i_L 比电压 u_L 滞后 90，则

$$i_L = 2\sqrt{2}\sin(314t - 25°) \ A$$

1.3.4　纯电容电路

1. 电容对交流电的阻碍作用

1）容抗的概念

反映电容对交流电流阻碍作用程度的参数叫作容抗。容抗按下式计算

$$X_L = \frac{1}{\omega C} = \frac{1}{2\pi f C}$$

容抗和电阻、电感的单位一样，也是欧姆（Ω）。

2）电容在电路中的作用

在电路中，用于"通交流、隔直流"的电容叫作隔直电容器；用于"通高频、阻低频"将高频电流成分滤除的电容叫作高频旁路电容器。

2. 电流与电压的关系

1）电容电流与电压的大小关系

电容电流与电压的大小关系为

$$I = \frac{U}{X_C}$$

2）电容电流与电压的相位关系

电容电流比电压超前90°（或π/2），即电容电压比电流滞后90°，如图1-18所示。

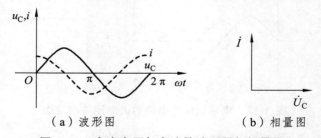

（a）波形图　　　　　　（b）相量图

图1-18　电容电压与电流的波形图与相量图

例1-7　已知一电容 $C = 127\ \mu F$，外加正弦交流电压 $u_C = 20\sqrt{2}\sin(314t + 20°)\ V$，试求：① 容抗 X_C；② 电流大小 I_C；③ 电流瞬时值 i_C。

解：① $X_C = \dfrac{1}{\omega C} = 25\ \Omega$

② $I_C = \dfrac{U}{X_C} = \dfrac{20}{25} = 0.8\ A$

③ 电容电流比电压超前90°，则 $i_C = 0.8\sqrt{2}\sin(314t + 110°)\ A$

1.3.5　电阻、电感、电容的串联电路

1. *R-L-C* 串联电路的电压关系

由电阻、电感、电容串联构成的电路叫做 *R-L-C* 串联电路，如图1-19所示。

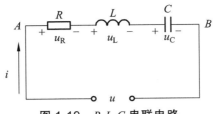

图 1-19 *R-L-C* 串联电路

设电路中电流为 $i = I_m\sin(\omega t)$，则根据 R、L、C 的基本特性可得各元件的两端电压

$$u_R = RI_m\sin(\omega t), \quad u_L = X_L I_m\sin(\omega t + 90°), \quad u_C = X_C I_m\sin(\omega t - 90°)$$

根据基尔霍夫电压定律（KVL），在任一时刻总电压 u 的瞬时值为

$$u = u_R + u_L + u_C$$

作出相量图，如图 1-20 所示，并得到各电压之间的大小关系为

$$U = \sqrt{U_R^2 + (U_L - U_C)^2}$$

上式又称为电压三角形关系式。

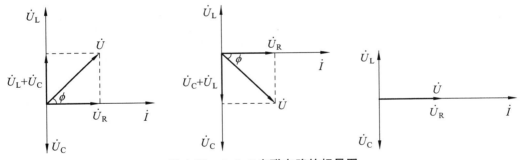

图 1-20 *R-L-C* 串联电路的相量图

2. *R-L-C* 串联电路的阻抗

由于 $U_R = RI$，$U_L = X_L I$，$U_C = X_C I$，可得

$$U = \sqrt{U_R^2 + (U_L - U_C)^2} = I\sqrt{R^2 + (X_L - X_C)^2}$$

令

$$|Z| = \frac{U}{I} = \sqrt{R^2 + (X_L - X_C)^2} = \sqrt{R^2 + X^2}$$

上式称为阻抗三角形关系式，$|Z|$ 叫做 *R-L-C* 串联电路的阻抗，其中 $X = X_L - X_C$ 叫做电抗。阻抗和电抗的单位均是欧姆（Ω）。阻抗三角形的关系如图 1-21 所示。

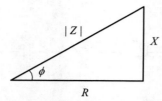

图 1-21　*R-L-C* 串联电路的阻抗三角形

由相量图可以看出总电压与电流的相位差为

$$\varphi = \arctan \frac{U_L - U_C}{U_R} = \arctan \frac{X_L - X_C}{R} = \arctan \frac{X}{R}$$

上式中φ叫做阻抗角。

3. *R-L-C* 串联电路的性质

根据总电压与电流的相位差（即阻抗角φ）为正、为负、为零三种情况，将电路分为三种性质。

（1）感性电路：当 $X > 0$ 时，即 $X_L > X_C$，$\varphi > 0$，电压 u 比电流 i 超前φ，电路呈感性；

（2）容性电路：当 $X < 0$ 时，即 $X_L < X_C$，$\varphi < 0$，电压 u 比电流 i 滞后$|\varphi|$，电路呈容性；

（3）谐振电路：当 $X = 0$ 时，即 $X_L = X_C$，$\varphi = 0$，电压 u 与电流 i 同相，电路呈电阻性，电路处于这种状态时，叫做谐振状态。

例 1-8　在 *R-L-C* 串联电路中，交流电源电压 $U = 220$ V，频率 $f = 50$ Hz，$R = 30 \ \Omega$，$L = 445$ mH，$C = 32 \ \mu F$。试求：（1）电路中的电流大小 I；（2）总电压与电流的相位差φ；（3）各元件上的电压 U_R、U_L、U_C。

解：（1）$X_L = 2\pi f L \approx 140 \ \Omega$，$X_C = \dfrac{1}{2\pi f C} \approx 100 \ \Omega$，$|Z| = \sqrt{R^2 + (X_L - X_C)^2} = 50 \ \Omega$，则

$$I = \frac{U}{|Z|} = 4.4 \text{ A}$$

（2）$\varphi = \arctan \dfrac{X_L - X_C}{R} = \arctan \dfrac{40}{30} = 53.1°$，即总电压比电流超前 53.1°，电路呈感性。

（3）$U_R = RI = 132 \text{V}$，$U_L = X_L I = 616$ V，$U_C = X_L I = 440$ V。

本例题中电感电压、电容电压都比电源电压大，在交流电路中各元件上的电压可以比总电压大，这是交流电路与直流电路特性不同之处。

1.3.6　交流电路的功率

1. 正弦交流电路功率的基本概念

1）瞬时功率 *P*

设正弦交流电路的总电压 u 与总电流 i 的相位差（即阻抗角）为 φ，则电压与电流的瞬时值表达式为

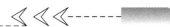

$$u = U_m\sin(\omega t + \varphi), \quad i = I_m\sin(\omega t)$$

瞬时功率为

$$p = ui = U_m I_m\sin(\omega t + \varphi)\sin(\omega t)$$

利用三角函数关系式 $\sin(\omega t + \varphi) = \sin(\omega t)\cos\varphi + \cos(\omega t)\sin\varphi$ 可得

$$p = U_m I_m[\sin(\omega t)\cos\varphi + \cos(\omega t)\sin\varphi]\sin(\omega t)$$
$$= U_m I_m[\sin^2(\omega t)\cos\varphi + \sin(\omega t)\cos(\omega t)\sin\varphi]$$
$$= U_m I_m\frac{1-\cos(2\omega t)}{2}\cos\varphi + U_m I_m\frac{\sin(2\omega t)}{2}\sin\varphi$$
$$= UI\cos\varphi[1-\cos(2\omega t)] + UI\sin\varphi\sin(2\omega t)$$

式中，$U = \dfrac{U_m}{\sqrt{2}}$ 为电压有效值，$I = \dfrac{I_m}{\sqrt{2}}$ 为电流有效值。

2）有功功率 P 与功率因数 λ

瞬时功率在一个周期内的平均值叫做平均功率，它反映了交流电路中实际消耗的功率，所以又叫作有功功率，用 P 表示，单位是瓦特（W）。

在瞬时功率 $p = UI\cos\varphi[1-\cos(2\omega t)] + UI\sin\varphi\sin(2\omega t)$ 中，第一项与电压电流相位差 φ 的余弦值 $\cos\varphi$ 有关，在一个周期内的平均值为 $UI\cos\varphi$；第二项与电压电流相位差 φ 的正弦值 $\sin\varphi$ 有关，在一个周期内的平均值为零。则瞬时功率 p 在一个周期内的平均值（即有功功率）为

$$P = UI\cos\varphi = UI\lambda$$

其中 $\lambda = \cos\varphi$ 叫做正弦交流电路的功率因数。

3）视在功率 S

定义：在交流电路中，电源电压有效值与总电流有效值的乘积（UI）称为视在功率，用 S 表示，即 $S = UI$，单位是伏安（VA）。

S 代表了交流电源可以向电路提供的最大功率，又称为电源的功率容量。于是交流电路的功率因数等于有功功率与视在功率的比值，即

$$\lambda = \cos\varphi = \frac{P}{S}$$

所以，电路的功率因数能够表示出电路实际消耗功率占电源功率容量的百分比。

4）无功功率 Q

在瞬时功率 $p = UI\cos\varphi[1-\cos(2\omega t)] + UI\sin\varphi\sin(2\omega t)$ 中，第二项表示交流电路与电源之间进行能量交换的瞬时功率，$|UI\sin\varphi|$ 是这种能量交换的最大功率，并不代表电路实际消耗的功率。定义

$$Q = UI\sin\varphi$$

把它叫作交流电路的无功功率，用 Q 表示，单位是乏尔，简称乏（Var）。

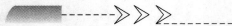

当 $\varphi > 0$ 时，$Q>0$，电路呈感性；当 $\varphi <0$ 时，$Q < 0$，电路呈容性；当 $\varphi = 0$ 时，$Q = 0$，电路呈电阻性。显然，有功功率 P、无功功率 Q 和视在功率 S 三者之间呈三角形关系，即

$$S = \sqrt{P^2 + Q^2}$$

这一关系称为功率三角形，如图 1-22 所示。

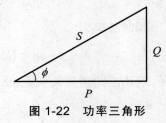

图 1-22　功率三角形

2. 电阻、电感、电容电路的功率

1）纯电阻电路的功率

在纯电阻电路中，由于电压与电流同相，即相位差 $\varphi = 0$，则

瞬时功率

$$p_R = UI\cos\varphi[1 - \cos(2\omega t)] + UI\sin\varphi\sin(2\omega t) = UI\cos\varphi[1 - \cos(2\omega t)]$$

有功功率

$$P_R = UI\cos\varphi = UI = I^2 R = \frac{U^2}{R}$$

无功功率

$$Q_R = UI\sin\varphi = 0$$

视在功率

$$S = \sqrt{P^2 + Q^2} = P_R$$

即纯电阻电路消耗功率（能量）。

2）纯电感电路的功率

在纯电感电路中，由于电压比电流超前 90°，即电压与电流的相位差 $\varphi = 90°$，则

瞬时功率

$$p_L = UI\cos\varphi[1 - \cos(2\omega t)] + UI\sin\varphi\sin(2\omega t) = UI\sin(2\omega t);$$

有功功率

$$P_L = UI\cos\varphi = 0$$

无功功率

$$Q_L = UI = I^2 X_L = \frac{U^2}{X_L}$$

视在功率

$$S = \sqrt{P^2 + Q^2} = Q_L$$

即纯电感电路不消耗功率（能量），电感与电源之间进行着可逆的能量转换。

3）纯电容电路的功率

在纯电容电路中，由于电压比电流滞后 90°，即电压与电流的相位差 $\varphi = -90°$，则

瞬时功率

$$p_C = UI\cos\varphi[1 - \cos(2\omega t)] + UI\sin\varphi\sin(2\omega t) = -UI\sin(2\omega t);$$

有功功率

$$P_C = UI\cos\varphi = 0;$$

无功功率大小

$$Q_C = UI = I^2 X_C = \frac{U^2}{X_C}$$

视在功率

$$S = \sqrt{P^2 + Q^2} = Q_C$$

即纯电容电路也不消耗功率（能量），电容与电源之间进行着可逆的能量转换。

3．功率因数的提高

1）提高功率因数的意义

在交流电力系统中，负载多为感性负载。例如常用的感应电动机，接上电源时要建立磁场，所以它除了需要从电源取得有功功率外，还要由电源取得磁场的能量，并与电源做周期性的能量交换。在交流电路中，负载从电源接受的有功功率 $P = UI\cos\varphi$，显然与功率因数有关。功率因数低会引起下列不良后果。

（1）负载的功率因数低，使电源设备的容量不能充分利用。因为电源设备（发电机、变压器等）是依照它的额定电压与额定电流设计的。例如，一台容量为 $S = 100\ \text{kVA}$ 的变压器，若负载的功率因数 $\lambda = 1$ 时，则此变压器就能输出 $100\ \text{kW}$ 的有功功率；若 $\lambda = 0.6$ 时，则此变压器只能输出 $60\ \text{kW}$ 了，也就是说变压器的容量未能充分利用。

（2）在一定的电压 U 下，向负载输送一定的有功功率 P 时，负载的功率因数越低，输电线路的电压降和功率损失越大。这是因为输电线路电流 $I = P/(U\cos\varphi)$，当 $\lambda = \cos\varphi$ 较小时，I 必然较大。从而输电线路上的电压降也要增加，因电源电压一定，所以负载的端电压将减少，这要影响负载的正常工作。从另一方面看，电流 I 增加，输电线路中的功率损耗也要增加。因此，提高负载的功率因数对合理科学地使用电能以及国民经济都有着重要的意义。

常用的感应电动机在空载时的功率因数为 0.2 ~ 0.3，而在额定负载时为 0.83 ~ 0.85，不装电容器的日光灯，功率因数为 0.45 ~ 0.6，应设法提高这类感性负载的功率因数，以降低输电线路电压降和功率损耗。

2）提高功率因数的方法

提高感性负载功率因数的最简便的方法，是用适当容量的电容器与感性负载并联，如图 1-23 所示。

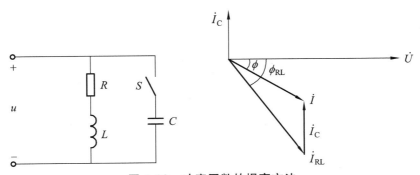

图 1-23　功率因数的提高方法

这样就可以使电感中的磁场能量与电容器的电场能量进行交换，从而减少电源与负载间能量的互换。在感性负载两端并联一个适当的电容后，对提高电路的功率因数十分有效。

借助相量图分析方法容易证明：对于额定电压为 U、额定功率为 P、工作频率为 f 的感性负载 R-L 来说，将功率因数从 $\lambda_1 = \cos\varphi_1$ 提高到 $\lambda_2 = \cos\varphi_2$，所需并联的电容为

$$C = \frac{P}{2\pi f U^2}(\tan\varphi_1 - \tan\varphi_2)$$

其中，$\varphi_1 = \arccos\lambda_1$，$\varphi_2 = \arccos\lambda_2$，且 $\varphi_1 > \varphi_2$，$\lambda_1 < \lambda_2$。

例 1-8 已知某单相电动机(感性负载)的额定参数是功率 $P = 120$ W，工频电压 $U = 220$ V，电流 $I = 0.91$ A。试求：把电路功率因数 λ 提高到 0.9 时，应使用一只多大的电容 C 与这台电动机并联？

解： (1) 首先求未并联电容时负载的功率因数

$\lambda_1 = \cos\varphi_1$ 因 $P = UI\cos\varphi_1$，则

$\lambda_1 = \cos\varphi_1 = P/(UI) = 0.5994$，$\varphi_1 = \arccos\lambda_1 = 53.2°$

(2) 把电路功率因数提高到 $\lambda_2 = \cos\varphi_2 = 0.9$ 时，$\varphi_2 = \arccos\lambda_2 = 25.8°$，则

$$C = \frac{P}{2\pi f U^2}(\tan\varphi_1 - \tan\varphi_2) = \frac{120}{314 \times 220^2}(1.3367 - 0.4834) = 6.74\ \mu F$$

1.4 三相交流电路

1.4.1 三相正弦交流电源

在电力系统中，几乎全部采用交流三相制供电，为什么交流三相到供电应用这么广泛呢？与单相交流电相比，三相交流电具有如下优点：

(1) 三相发电机比尺寸相同的单相发电机输出的功率要大。

(2) 三相发电机的结构和制造不比单相发电机复杂多少，且使用、维护都较方便，运转时比单相发电机的振动要小。

(3) 在同样条件输送同样大的功率时，特别是在远距离输电时，三相输电线比单相输电线可节约 25% 的材料。

(4) 三相异步电动机是应用最广的动力机械。使用三相交流电的三相异步电动机结构简单、价格低廉、使用维护方便，是工业生产的主要动力源。

由于具有以上优点，所以三相交流电比单相电应用得更广泛，通常的单相交流电源多数也是从三相交流电源中获得的。

1. 三相交流电源

让我们看看周围的供电线路。在一般家庭中，采用两根线传送：一根零线（黑色），一根相线（黄色或红色或绿色，大多数为红色），称为单相交流电。我们习惯上说的交流电指的就是单相正弦交流电，而在用电量大的工厂及大楼等动力用电处则采用三相交流电供电(黄、绿、红三种颜色线同时传输)。

单相交流电路从一个电源出发用两根线进行输送，这是用了三相交流电中一相（有时也称为单相三线电），如图 1-24 (a) 所示。三相交流电从一个电源出发（电压相等、频率相同、相位彼此相差为 120 的三个电源），用三根线进行输送，如图 1-24 (b) 所示。

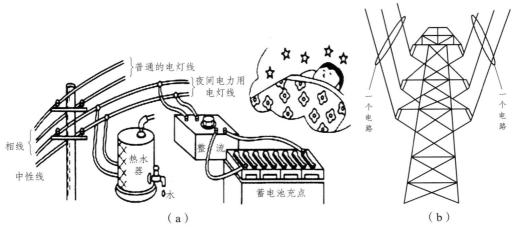

图 1-24　三相交流电的应用

2. 三相交流电的产生

三相交流电是由三相发电机产生的。三相交流发电机原图理如图 1-25（a）所示，发电机有一个可以转动的磁铁，在磁铁周围的圆周上均匀分布有 U1-U2、V1-V2、W1-W2 三个绕组，每一个绕组叫做一相，各相绕组的匝数相等、结构相同，它们的始端（U1、V1、W1）在空间位置上彼此相差 120°，它们的末端（U2、V2、W2）在空间位置上也彼此相差 120°。

若按顺时针方向转动磁铁，在线圈 U1-U2 中就会产生感应电动势；在线圈 V1-V2 中产生相同的感应电动势，但其相位较 U1-U2 滞后 120°；W1-W2 也产生相同的感应电动势，但其相位较 V1-V2 滞后 120°。与磁铁的转动角相一致画出的波形如图 1-25（b）所示，矢量图如图 1-25（c）所示。

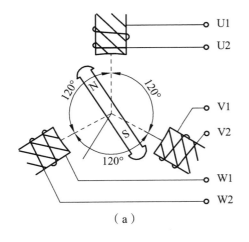

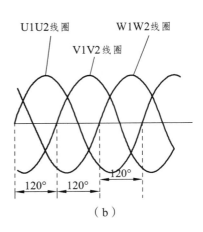

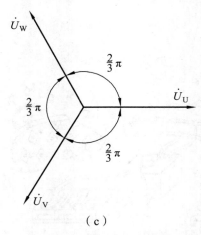

图 1-25　三相交流电原理

在图 1-25 中，把线圈 U1-U2、V1-V2 和 W1-W2 上所产生的感应电动势依次到达最大值的顺序叫做相序，三个线圈分别用 U、V、W 来表示。习惯上把三相交流电中相序为 U-V-W 称为正序。

在电工技术和电力工程中，把图 1-25（b）所示这样的电压称为三相交流电压。可以把它看作是三个单相交流电源，其电压大小相等，频率相同，相位互差 120。

3．三相交流电供电方式

把三相发电机三相绕组的末端 U2、V2、W2 连接成一个公共端点，叫做中性点（零点），用字母 N 表示。从中性点引出的导线称为中性线（或零线），用黑色或白色表示。中性线接地时，又称为地线。从线圈的首端 U1、V1、W1 引出的三根导线称为相线（俗称火线），分别用黄、绿、红三种颜色表示，这种供电系统称为三相四线制，如图 1-26 所示。在低压供电系统中常采用三相四线制供电。如生活中的照明用电就是采用三相四线制供电。

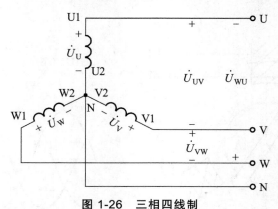

图 1-26　三相四线制

三相四线制供电系统可输送两种电压，即相电压与线电压。各相线与中性线之间的电压称为相电压，分别用 U_U、U_V、U_W 表示其有效值；相线与相线之间的电压称为线电压，用 U_{UV}、U_{VW}、U_{WU} 表示。另一种表示方法是用 U_p 表示相电压，U_L 表示线电压。

由于电动势的方向规定为从绕组的末端指向始端,那么相电压的方向就是从绕组的始端指向末端,如图 1-26 所示相电压 U_U、U_V、U_W。线电压的方向按三相电源的相序来确定,如 U_{UV} 就是从 U1 端指向 V1 端;U_{VW} 就是从 V1 端指向 W1 端;U_{WU} 就是从 W1 端指向 U1 端,如图 1-26 所示线电压 U_{UV}、U_{VW}、U_{WU}。

实验证明,三相四线制供电系统中,相电压和线电压都是对称的,各线电压的有效值为相电压有效值的 $\sqrt{3}$ 倍,而且各线电压在相位上比各对应的相电压超前 30^0。即

$$U_L = \sqrt{3} U_P$$

我国低压三相四制供电系统中,电源相电压有效值为 220 V,线电压有效值为 380 V。

1.4.2 三相负载的联结

由三相电源供电的负载叫三相负载(例如三相交流电动机)。三相电路中的三相负载,可分为对称三相负载和不对称三相负载。各相负载的大小和性质完全相同的叫对称三相负载,即 $R_U = R_V = R_W$,$X_U = X_V = X_W$。如三相电动机、三相变压器、三相电炉等。各相负载不等的就叫不对称三相负载,例如家用电器和电灯,这类负载通常是按照尽量平均分配的方式接入三相交流电源中。

在三相电路中,负载有星形(用符号"Y"表示)和三角形(用符号"△"表示)两种联结方式。

1. 三相负载的星形联结

1)联结方式

把各相负载的末端 U2、V2、W2 连在一起接到三相电源的中性线上;把各相负载的首端 U1、V1、W1 分别接到三相交流电源的三根相线上,这种连接的方法叫做三相负载的星形联结。如图 1-27(a)所示为三相负载星形联结的原理图,图 1-27(b)所示为三相负载星形联结的实际电路图。

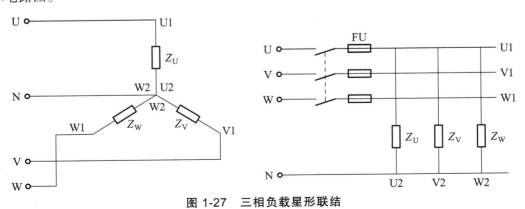

图 1-27 三相负载星形联结

负载作星形联结并具有中性线时,每相负载两端的电压称为负载的相电压,用 U_{YP} 表示。

2）电路计算

当输电线的电阻被忽略时，负载的相电压等于电源相电压

$$U_{YP} = U_P$$

电源的线电压与负载的相电压关系为

$$U_L = \sqrt{3}U_{YP}$$

在三相交流电路中，负载作星形联结，流过每一相负载的电流称为相电流，分别用 I_U、I_V、I_W 表示，一般用 I_{YP} 来表示。流过每根相线的电流称为线电流，分别用 I_u、I_v、I_w 来表示，一般用 I_L 表示。

当负载作星形联结具有中性线时，三相交流电路的每一相，就是一个单相交流电路，各相电压与电流间数量及相位关系可应用前面学习的单相交流电路的方法处理。

如图 1-28 所示，由于每相的负载都串在相线上，相线和负载通过的是同一个电流，所以各线电流等于各相电流，即 $I_U = I_u$，$I_V = I_v$，$I_W = I_w$

一般写成

$$I_L = I_P$$

除此之外，我们还要考虑流过中性线的电流，由基尔霍夫节点电流定律可以求出中性线电流。一般采用矢量法来分析。中性线电流为线电流（或相电流）的矢量和

$$\dot{I}_N = \dot{I}_U + \dot{I}_V + \dot{I}_W$$

对于三相对称负载，在对称三相电源作用下，三相对称负载的中性线电流等于零，如图 1-28（a）所示。即

$$\dot{I}_N = \dot{I}_U + \dot{I}_V + \dot{I}_W = 0$$

由于电流是瞬时值，三相电流瞬时值的代数和也为零，即 $i_N = i_U + i_V + i_W = 0$。因此对称负载下中性线便可以省去不用，电路变成如图 1-28（b）所示的三相三线制传输。如在发电厂与变电站、变电站与三相电动机等之间，由于负载对称，便采用三相三线制传输。

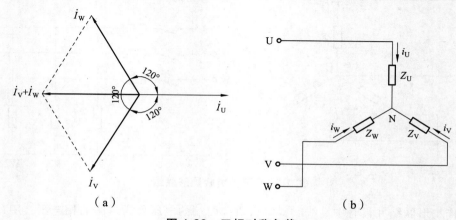

（a）　　　　　　　　　　　　　　　（b）

图 1-28　三相对称负载

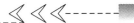

若负载不对称，则中性线电流不为零，其中性线电流为

$$\dot{I}_N = \dot{I}_U + \dot{I}_V + \dot{I}_W \text{ 或 } i_N = i_U + i_V + i_W$$

3）不对称负载星形联结时中性线的作用

三相负载在很多情况下是不对称的，最常见的照明电路就是不对称负载星形联结的三相电路。下面，我们根据实验中的数据来分析三相四线制中性线的重要作用。

如图 1-29 所示，把额定电压为 220 V，功率分别为 100 W、60 W 和 40 W 的三盏白炽灯作星形联结，然后接到三相四线制的电源上。

为了便于说明问题，设在中性线上装有开关 S_N，如图 1-29（a）所示，当 S_N 合上时每个灯泡都能正常发光。当断开 S_U、S_V 和 S_W 中任意一个或两个开关时，处在通路状态下的灯泡两端的电压仍然是相电压，灯仍然正常发光。上述情况是相电压不变，而各相电流的数值不同，中性线电流不等于零。如果断开开关 S_W，再断开中性线开关 S_N，如图 1-29（b）所示。中性线断开后，电路变成不对称星形负载无中性线电路，40 W 的灯反而比 100 W 的灯亮得多。其原因是没有中性线，两个灯（40 W 和 100 W 灯泡）串联起来以后接到两根相线上，即加在两个串联灯两端的电压是线电压（380 V）。又由于 100 W 的灯的电阻比 40 W 的灯的电阻小，由串联分压可知它两端的电压也就小。因此，100 W 的灯反而较暗，40 W 的灯两端的电压大于 220 V，会发出更强的光，还可能将灯烧毁。

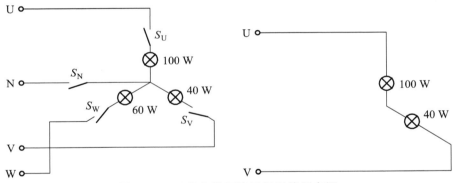

图 1-29　三盏白炽灯接三相四线制电源

可见，对于不对称星形负载的三相电路，必须采用带中性线的三相四线制供电。若无中性线，可能使某一相电压过低，该相用电设备不能工作；某一相电压过高，烧毁该相用电设备。因此，中性线对于电路的正常工作及安全是非常重要的，它可以保证负载电压的对称，防止发生事故。

通过这个实例可以发现，中性线的作用就是使不对称的负载获得对称的相电压，使各用电器都能正常工作，而且互不影响。

在三相四线制供电线路中，规定中性线上不允许安装熔断器、开关等装置。为了增强机械强度，有的还加有钢芯；另外通常还要把中性线接地，使它与大地电位相同，以保障安全。

4）结　论

负载作星形联结时：

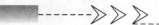

（1）电源线电压是负载两端相电压的 $\sqrt{3}$ 倍，即 $U_{\mathrm{L}} = \sqrt{3} U_{\mathrm{YP}}$；

（2）每一相相线的线电流等于流过负载的相电流，即 $I_{\mathrm{L}} = I_{\mathrm{P}}$；

（3）对于对称负载可去掉中性线变为三相三线制传输；

（4）对于不对称负载则必须加中性线，采用三相四线制传输。

2. 三相负载的三角形联结

1）联结方式

把三相负载分别接到三相交流电源的每两根相线之间，负载的这种连接方法叫做三角形联结。如图 1-30（a）所示为负载作三角形联结的原理图，图 1-30（b）所示的是三相负载三角形联结的实际电路图。

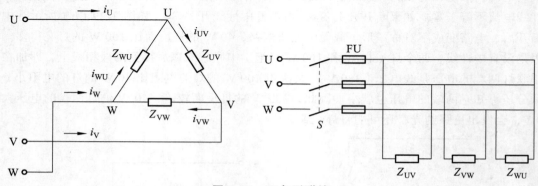

图 1-30　三角形联结

2）电路计算

三角形联结中的各相负载全都接在了两根相线之间，因此负载两端的电压，即负载的相电压等于电源的线电压，则

$$U_{\triangle\mathrm{P}} = U_{\mathrm{L}}$$

由于三相电源是对称的，无论负载是否对称，负载的相电压是对称的。

对于负载作三角形联结的三相电路中每一相负载来说，都是单相交流电路。各相电流和电压之间的数量与相位关系与单相交流电路相同。

在对称三相电源的作用下，流过对称负载的各相电流也是对称的，应用单相交流电路的计算关系，可知各相电流的有效值为 $I_{\mathrm{UV}} = I_{\mathrm{VW}} = I_{\mathrm{WU}} = \dfrac{U_{\mathrm{L}}}{|Z_{\mathrm{UV}}|}$，采用矢量表示可求出线电流与相电流之间有以下关系

$$I_{\triangle\mathrm{L}} = \sqrt{3} I_{\triangle\mathrm{P}}$$

3）结　论

当三相负载作三角形联结时：

（1）相电压等于线电压，即 $U_{\triangle\mathrm{P}} = U_{\mathrm{L}}$；

（2）当对称三相负载作三角形联结时，线电流的大小为相电流的 $\sqrt{3}$ 倍，一般写成 $I_{\Delta L} = \sqrt{3} I_{\Delta P}$。

3．三相电路的功率

在三相交流电路中，不论负载采取星形联结的方式，还是采取三角形联结的方式，三相负载消耗的总功率等于各相负载消耗的功率之和，即 $P = P_U + P_V + P_W$。每一相负载所消耗的功率，可以应用单相正弦交流电路中学过的方法计算。

当三相负载对称时，有 $P_U = P_V = P_W = U_P I_P \cos\varphi_P$，负载消耗的总功率可以写成

$$P = 3 U_P I_P \cos\varphi_P$$

式中　U_P——负载的相电压，国际单位制单位伏（V）；

　　　I_P——流过负载的电流，国际单位制单位安（A）；

　　　φ_P——负载相电压与相电流间的相位差，国际单位制单位弧度（rad）或度；

　　　P——三相负载总的有功功率，国际单位制单位 W（瓦）。

上式可知，对称三相电路总有功功率为一相有功功率的 3 倍。

在实际工作中，测量线电压、线电流比较方便，三相电路的总功率常用线电压和线电流来表示。理论推导证明，对称负载不论负载作星形还是三角形联结，总有功功率也可由下式计算：

$$P = \sqrt{3} U_L I_L \cos\varphi_P$$

例 1-9　某三相对称负载，每相负载的电阻为 6 Ω，感抗为 8 Ω，电源线电压为 380 V，试求负载星形联结和三角形联结时两种接法的三相电功率。

解： 每相绕组的阻抗为

$$|Z| = \sqrt{R^2 + X_L^2} = \sqrt{6^2 + 8^2} = 10 \ \Omega$$

（1）星形联结时，负载相电压

$$U_{YP} = \frac{U_L}{\sqrt{3}} = \frac{380}{\sqrt{3}} = 220 \ V$$

因此流过负载的相电流为

$$I_P = \frac{U_P}{|Z|} = \frac{220}{10} = 22 \ A$$

负载的功率因数为

$$\cos\varphi = \frac{R}{|Z|} = \frac{6}{10} = 0.6$$

星形联结时三相总有功功率

$$P = 3 U_P I_P \cos\varphi_P = 3 \times 220 \times 22 \times 0.6 \approx 8.7 \ kW$$

（2）三角形联结时，负载相电压等于电源线电压，即

$$U_P = U_L = 380 \ V$$

负载的相电流为

$$I_P = \frac{U_P}{|Z|} = \frac{380}{10} = 38\,\text{A}$$

三角形联结时三相总有功功率

$$P = 3U_P I_P \cos\varphi_P = 3 \times 380 \times 66 \times 0.6 \approx 26\,\text{kW}$$

可见，同样的负载，三角形联结消耗的有功功率是星形联结时的 3 倍。也就是说，三相负载消耗的功率与负载连接方式有关，要使负载正常运行，必须正确连接电路。显然在同一电源作用下，错将星形联结成三角形联结，负载会因 3 倍的过载而烧毁；反之，错将三角形联结接成星形联结，负载也无法正常工作，只能输出 1/3 的功率。

数学推导和实验已经证明，对称三相电路在功率方面还有一个很可贵的性质：对称三相电路的瞬时功率是一个不随时间变化的恒定值，它就是电路的有功功率。这个性质对旋转的电机带来了极有利的条件。三相电动机任一瞬时所吸收的瞬时功率恒定不变，则电动机任一瞬时产生的机械转矩也恒定不变，这样就避免了由于机械转矩的变化而引起的振动。

第 2 章　变压器

变压器是一种静止电器,它将一种等级的电压和电流变为同频率的另一种等级的电压和电流。变压器的基本原理离不开"电生磁,磁生电"这个基本电磁感应规律。

在电力系统中,我们向远方传输电力时,为减小线路上的电能损耗,需要升压变压器升高电压;同时,为满足用户用电要求,需要降压变压器降低电压。

2.1　变压器结构及工作原理

2.1.1　变压器的基本构造

变压器主要由铁心和线圈两部分构成。铁心是变压器的磁路通道,是用磁导率较高且相互绝缘的硅钢片制成,以便减少涡流和磁滞损耗。按其构造形式可分为心式和壳式两种,如图 2-1(a)、(b)所示。三相油浸式电力变压器如图 2-2 所示。

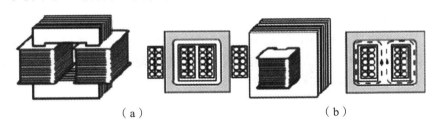

（a）　　　　　　　　　　　　　　　　（b）

图 2-1　心式和壳式变压器

当原边绕组接到交流电源时,绕组中便有交流电流流过,并在铁心中产生与外加电压频率相同的磁通,这个交变磁通同时交链着原边绕组和副边绕组。原、副绕组的感应电压分别表示为

$$e_1 = -N_1 \frac{d\Phi}{dt} \quad e_2 = -N_2 \frac{d\Phi}{dt}$$

则

$$\frac{u_1}{u_2} \approx \frac{e_1}{e_2} = \frac{N_1}{N_2} = k$$

变比 k:表示原、副绕组的匝数比,也等于原边一相绕组的感应电势与副边一相绕组的感应电势之比。

改变变压器的变比,就能改变输出电压。但应注意,变压器不能改变电能的频率。

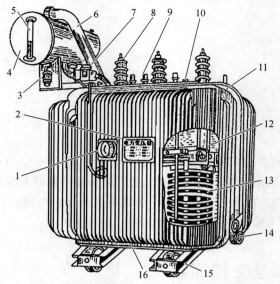

图 2-2 三相油浸式电力变压器的结构

1—信号温度计；2—铭牌；3—吸湿器；4—油枕（储油柜）；5—油位指示器；6—防爆管；
7—气体继电器；8—高压套管；9—低压套管；10—分接开关；11—油箱及散热油管；
12—铁心；13—绕组及绝缘；14—放油阀；15—小车；16—接地端子

1. 铁 心

1）铁心的材料

采用高磁导率的铁磁材料 0.35 ～ 0.5 mm 厚的硅钢片叠成。为了提高磁路的导磁性能，减小铁心中的磁滞、涡流损耗。变压器用的硅钢片其含硅量比较高。硅钢片的两面均涂以绝缘漆，这样可使叠装在一起的硅钢片相互之间绝缘。

2）铁心形式

铁心是变压器的主磁路，电力变压器的铁心主要采用心式结构。

2. 绕 组

1）绕组的材料

铜或铝导线包绕绝缘纸以后绕制而成。

2）形 式

圆筒式、螺旋式、连续式、纠结式等结构。为了便于绝缘，低压绕组靠近铁心柱，高压绕组套在低压绕组外面，两个绕组之间留有油道。

3. 油箱及其他附件

1）油 箱

变压器油的作用：加强变压器内部绝缘强度和散热作用。

要求：用质量好的钢板焊接而成，能承受一定压力，某些部位必须具有防磁化性能。

形式：大型变压器油箱均采用了钟罩式结构；小型变压器采用吊器身式。

2）储油柜

作用：减少油与外界空气的接触面积，减小变压器受潮和氧化的概率。

在大型电力变压器的储油柜内还安放一个特殊的空气胶囊，它通过呼吸器与外界相通，空气胶囊阻止了储油柜中变压器油与外界空气接触。。

3）呼吸器

作用：内装硅胶的干燥器，与油枕连通，为了使潮气不能进入油枕使油劣化。

硅胶对空气中水分具有很强的吸附作用，干燥状态为蓝色，吸潮饱和后变为粉红色。吸潮的硅胶可以再生。

4）冷却器

作用：加强散热。

装配在变压器油箱壁上，对于强迫油循环风冷变压器，电动泵从油箱顶部抽出热油送入散热器管簇中，这些管簇的外表受到来自风扇的冷空气吹拂，使热量散失到空气中去，经过冷却后的油从变压器油箱底部重新回到变压器油箱内。

5）绝缘套管

作用：使绕组引出线与油箱绝缘。

绝缘套管一般是陶瓷的，其结构取决于电压等级。1 kV 以下采用实心磁套管，10～35 kV 采用空心充气或充油式套管，110 kV 及以上采用电容式套管。为了增大外表面放电距离，套管外形做成多级伞形裙边。电压等级越高，级数越多。

6）分接开关

作用：用改变绕组匝数的方法来调压。

一般从变压器的高压绕组引出若干抽头，称为分接头，用以切换分接头的装置叫分接开关。

分接开关分为无载调压和有载调压两种，前者必须在变压器停电的情况下切换，后者可以在变压器带负载情况下进行切换。变压器有载调压分接开关有电抗式和电阻式两种。电抗式分接开关与变压器器身位于同一抽箱内；电阻式分接开关一般是在变压器的油箱中独立隔开一个小抽箱放置切换装置，小抽箱与变压器的油不相通，它本身有储油器，呼吸器和气体继电器等。

7）压力释放阀

作用：为防止变压器内部发生严重故障而产生大量气体，引起变压器发生爆炸。

8）气体继电器（瓦斯继电器）

作用：变压器的一种保护装置，安装在油箱与储油柜的连接管道中，当变压器内部发生故障时（如绝缘击穿、匝间短路、铁芯事故、油箱漏油使油面下降较多等）产生的气体和油流，迫使气体继电器动作。轻者发出信号，以便运行人员及时处理。重者使断路器跳闸，以保护变压器。

2.1.2 变压器的种类

变压器的种类很多，可按其用途、结构、相数、冷却方式等不同来进行分类。

（1）按用途分类，可分为电力变压器（主要用在输配电系统中，又分为升压变压器、降压变压器、联络变压器和厂用变压器）、仪用互感器（电压互感器和电流互感器）、特种变压器（如调压变压器、试验变压器、电炉变压器、整流变压器、电焊变压器等）。

（2）按绕组数目分类，可分为双绕组变压器、三绕组变压器、多绕组变压器和自耦变压器。

（3）按铁心结构分类，有心式变压器和壳式变压器。

（4）按相数分类，有单相变压器、三相变压器和多相变压器。

（5）按冷却介质和冷却方式分类，可分为油浸式变压器（包括油浸自冷式、油浸风冷式、油浸强迫油循环式）、干式变压器、充气式变压器。

（6）电力变压器按容量大小通常分为小型变压器（容量为 10 ~ 630 kVA）、中型变压器（容量为 800 ~ 6 300 kVA）、大型变压器（容量为 8000 ~ 63 000 kVA）和特大型变压器（容量在 90 000 kVA 及以上）。

2.1.3 变压器的额定值

1. 型　号

型号表示一台变压器的结构、额定容量、电压等级、冷却方式等内容。

例如：SL-500/10，表示三相油浸自冷双线圈铝线，额定容量为 500 kVA，高压侧额定电压为 10 kV 级的电力变压器。

2. 额定值

表示额定运行情况下各物理量的数值称为额定值。额定值通常标注在变压器的铭牌上。变压器的额定值主要有：

额定运行情况：制造厂商根据国家标准和设计、试验数据规定变压器的正常运行状态。

额定容量 S_N：铭牌规定在额定使用条件下所输出的视在功率。

原边额定电压 U_{1N}：正常运行时规定加在一次侧的端电压，对于三相变压器，额定电压为线电压。

副边额定电压 U_{2N}：一次侧加额定电压，二次侧空载时的端电压。

原边额定电流 I_{1N}：变压器额定容量下原边绕组允许长期通过的电流，对于三相变压器，I_{1N} 为原边额定线电流。

副边额定电流 I_{2N}：变压器额定容量下原边绕组允许长期通过的电流，对于三相变压器，I_{2N} 为副边额定线电流。

单相变压器额定值的关系式：$S_N = U_{1N} I_{1N} = U_{2N} I_{2N}$

三相变压器额定值的关系式：$S_N = \sqrt{3} U_{1N} I_{1N} = \sqrt{3} N_{2N} I_{2N}$

额定频率 f_N：我国工频为 50 Hz。

还有额定效率、温升等额定值。

2.2 三相变压器

三相电力变压器：在电力系统中，用于变换三相交流电压的变压器称为三相电力变压器。

2.2.1 三相变压器的结构简介

电力变压器是利用电磁感应原理进行工作的，因此其最基本的结构组成是电路和磁路部分。变压器的电路部分就是它的绕组，对于降压变压器，与系统电路和电源连接的称为一次绕组，与负载连接的为二次绕组；变压器的铁心构成了它的磁路，铁心由铁轭和铁心柱组成，绕组套在铁心柱上；为了减少变压器的涡流和磁滞损耗，采用表面涂有绝缘漆膜的硅钢片交错叠成铁心。

1. 铁 心

铁心是变压器中主要的磁路部分。通常由含硅量较高，厚度为 0.35 \0.3\0.27 mm，表面涂有绝缘漆的热轧或冷轧硅钢片叠装或绕制而成，铁心分为铁心柱和横片俩部分，铁心柱套有绕组；横片作为闭合磁路之用。铁心结构的基本形式有心式和壳式两种。

2. 绕 组

绕组是变压器的电路部分，它是用双丝包（纸包）绝缘扁线或漆包圆线绕成，如图 2-3 所示。

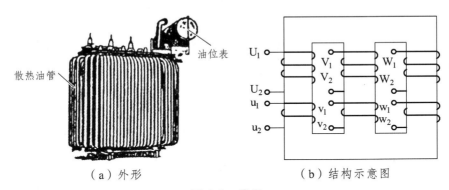

（a）外形　　　　　　　（b）结构示意图

图 2-3 绕组

2.2.2 常用三相电力变压器

1. 常用三相电力变压器组成（见图 2-4）

（1）油箱。油箱由箱体、箱盖、散热装置、放油阀组成，其主要作用是把变压器连成一个整体及进行散热。内部是绕组、铁心和变压器的油。变压器油既有循环冷却和散热作用，又有绝缘作用。绕组与箱体（箱壁、箱底）有一定的距离，由油箱内的油绝缘。油箱一般有四种结构：

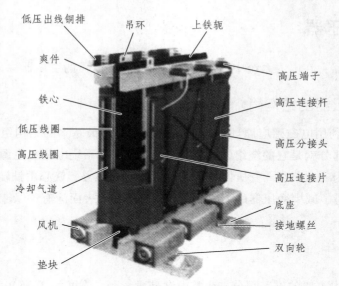

图 2-4　三相电力变压器

a. 散热管油箱，散热管的管内两端与箱体内相通，油受热后，经散热管上端口流入管体，冷却后经下端口又流回箱内，形成循环，用于 1 600 kV·A 及以下的变压器。

b. 带有散热器的油箱，用于 2 000 kV·A 以上的变压器。

c. 平顶油箱。

d. 波纹油箱（瓦楞型油箱）。

（2）高低压套管。套管为瓷质绝缘管，内有导体，用于变压器一、二次绕组接入和引出端的固定和绝缘。

（3）气体继电器。容量在 800 kV·A 及以上的油浸式变压器（户内式的变压器容量在 400 kV·A 及以上）才安装，用于在变压器油箱内部发生故障时进行气体继电保护。

（4）储油柜。又叫油枕，内储有一定的油，它的作用一是补充变压器因油箱渗油和油温变化造成的油量下降，二是当变压器油发生热胀冷缩时保持与周围大气压力的平衡。其附件吸湿器与油枕内油面上方空间相连通，能够吸收进入变压器的空气中的水分，以保证油的绝缘强度。

（5）防爆管。其作用是防止油箱发生爆炸事故。当油箱内部发生严重的短路故障，变压器油箱内的油急剧分解成大量的瓦斯气体，使油箱内部压力剧增，这时，防爆管的出口处玻璃会自行破裂，释放压力，并使油流向一定方向喷出。

（6）分接开关。用于改变变压器的绕组匝数以调节变压器的输出电压。

2. 环氧树脂浇注的三相干式变压器

环氧树脂浇注绝缘的干式变压器又称树脂绝缘干式变压器，它的高低压绕组各自用环氧树脂浇注，并同轴套在铁心柱上；高低压绕组间有冷却气道，使绕组散热；三相绕组间的连线也由环氧树脂浇注而成，因此其所有带电部分都不暴露在外。其容量从 30 kV·A 到几千千伏安，最高可达上万千伏安，高压侧电压有 6、10、35 kV，低压侧电压为 230/400 V。目前我国生产的干式变压器有 SC 系列和 SG 系列等。

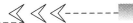

2.2.3　三相变压器工作原理与连接方式

三相变压器工作原理：变压器的基本工作原理是电磁感应原理。当交流电压加到一次侧绕组后交流电流流入该绕组就产生励磁作用，在铁芯中产生交变的磁通，这个交变磁通不仅穿过一次侧绕组，同时也穿过二次侧绕组，它分别在两个绕组中引起感应电动势。这时如果二次侧与外电路的负载接通，便有交流电流流出，于是输出电能。

三相变压器是电力工业常用的变压器。用于国内变压器的高压绕组一般联成 Y 接法，中压绕组与低压绕组的接法要视系统情况而决定。所谓系统情况就是指高压输电系统的电压相量与中压或低压输电系统的电压相量间关系。如低压系配电系统，则可根据标准规定决定。三相线圈联结方法及相量图如图 2-5 所示。

高压绕组常联成 Y 接法是由于相电压可等于线电压的 57.7%，每匝电压可低些。

（1）国内的 500 kV、330 kV、220 kV 与 110 kV 的输电系统的电压相量都是同相位的，所以，对下列电压比的三相三绕组或三相自耦变压器，高压与中压绕组都要用星形接法。当三相三铁心柱铁心结构时，低压绕组也可采用星形接法或三角形接法，它决定于低压输电系统的电压相量是与中压及高压输电系统电压相量为同相位或滞后 30°电气角。

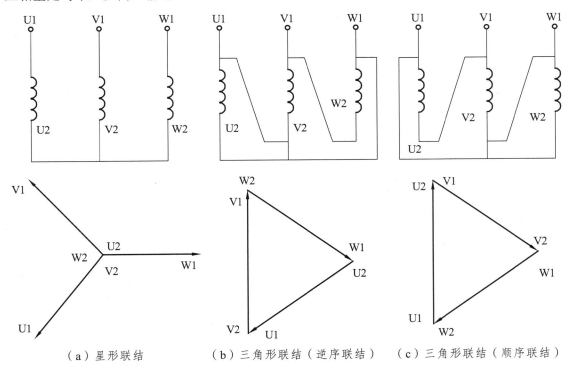

（a）星形联结　　　　（b）三角形联结（逆序联结）　　（c）三角形联结（顺序联结）

图 2-5　三相线圈联结方法及相量图

（2）国内 60 kV 与 35 kV 的输电系统电压有两种不同相位角。

如 220/60 kV 变压器采用 YNd11 接法，与 220/69/10 kV 变压器用 YN，yn0，d11 接法，这两个 60 kV 输电系统相差 30°电气角。

当 220/110/35 kV 变压器采用 YN，yn0，d11 接法，110/35/10 kV 变压器采用 YN，yn0，d11 接法，以上两个 35 kV 输电系统电压相量也差 30°电气角。

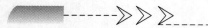

所以，决定 60 与 35 kV 级绕组的接法时要慎重，接法必须符合输电系统电压相量的要求。根据电压相量的相对关系决定 60 与 35 kV 级绕组的接法。否则，即使容量与电压比正确，变压器也无法使用，接法不对，变压器无法与输电系统并网。

（3）国内 10 kV、6 kV、3 kV 与 0.4 kV 输电与配电系统相量也有两种相位。在上海地区，有一种 10 kV 与 110 kV 输电系统电压相量差 60°电气角，此时可采用 110/35/10 kV 电压比与 YN，yn0，y10 接法的三相三绕组电力变压器，但限用三相三铁心柱式铁心。

（4）但要注意：单相变压器在联成三相组接法时，不能采用 YNy0 接法的三相组。三相壳式变压器也不能采用 YNy0 接法。

三相五柱式铁心变压器必须采用 YN，yn0，yn0 接法时，在变压器内要有接成三角形接法的第四绕组，它的出头不引出（结构上要做电气试验时引出的出头不在此例）。

（5）不同联结组的变压器并联运行时，一般的规定是联结组别标号必须相同。

（6）配电变压器用于多雷地区时，可采用 Yzn11 接法，当采用 z 接法时，阻抗电压算法与 Yyn0 接法不同，同时 z 接法绕组的耗铜量要多些。Yzn11 接法配电变压器的防雷性能较好。

（7）三相变压器采用四个卷铁心框时也不能采用 YNy0 接法。

（8）以上都是用于国内变压器的接法，如出口时应按要求供应合适的接法与联结组标号。

（9）一般在高压绕组内都有分接头与分接开关相连。因此，选择分接开关时（包括有载调压分接开关与无励磁调压分接开关），必须注意变压器接法与分接开关接法相配合（包括接法、试验电压、额定电流、每级电压、调压范围等）。对 YN 接法的有载调压变压器所用有载调压分接开关而言，还要注意中点必须能引出。

2.3 变压器的运行与维护

1. 变压器停送电操作原则

变压器停电时先停负荷侧后停电源侧，送电时则相反，原因如下：

（1）多电源情况下，按上述顺序停电，可防止变压器反充电。另外，若停电时先停电源侧，遇有故障可能造成保护误动或拒动，延长故障切除时间，也可能扩大停电范围。

（2）当负荷侧母线电压互感器带有低周波减载装置，且装设电流闭锁时，停电时先停电源侧开关，可能由于大型同步电机的反馈，使低周减载装置误动作。

（3）从电源侧逐级送电，如遇故障便于按送电范围检查、判断和处理。

2. 变压器停送电保护使用原则

送电前，保护原则上全部投入（但有可能误动的保护或试验未合格的保护需经领导批准停用，变压器在失去全部主保护时严禁送电和运行）。停电后，在没有影响备用设备或运行设备，或继电板无工作时，保护压板可不用断开，需要断开的保护压板必须在交接班账上交待清楚。

3. 变压器为什么在正式运行前要做冲击试验？冲击试验做几次

（1）拉开空载变压器时，有可能产生空载过电压，在电力系统中性点不接地或经消弧线圈接地时，过电压幅值可达 4 ~ 4.5 倍相电压，在中性点直接接地时，可达 3 倍相电压。为了检查变压器绝缘强度能否承受全电压或操作过电压，需做冲击试验。

（2）带电投入空载变压器时，会产生励磁涌流，其值可达 6 ~ 8 倍额定电流，励磁涌流开始衰减较快，一般经 0.5 ~ 1 秒后即减到 0.25 ~ 0.5 倍额定电流值，但全部衰减时间较长，大容量变压器可达几十秒。由于励磁涌流产生很大的电动力，为了考核变压器的机械强度，同时考核励磁涌流衰减初期能否造成继电保护误动，需做冲击试验。

冲击试验次数：新安装的变压器全电压冲击 5 次，大修后冲击 3 次。每次冲击试验后，要检查变压器有无异音异状。

4. 测量变压器的绝缘电阻应注意的问题

（1）摇测前应将瓷套管清扫干净，拆除全部接地线和引线（包括中性点引线）。

（2）使用合格的 2 500 伏摇表，摇测时将摇表放平，当转速每分钟达到 120 转时，读 $R15$ 和 $R60$ 两个数值，以测出吸收比。

（3）摇测时应记录当时变压器的油温及环境温度。

（4）摇测后将变压器线圈对地放电，防止触电。

（5）摇测项目：一次对二次、一次对地、二次对地。

5. 变压器在运行中补油应注意什么问题

（1）注意防止混油，新补入的油应经试验合格。

（2）补油前应将重瓦斯保护改投信号位置，防止误动跳闸。

（3）补油后要注意检查瓦斯继电器，及时放出内部气体，24 小时后无问题再将重瓦斯投入跳闸位置。

（4）补油量要适宜，油位与变压器当时的油温相适应。

（5）禁止从变压器下部截门补油，以防将变压器底部沉淀物冲起进入线圈内，影响变压器绝缘。

6. 变压器定期试验周期、项目、标准是怎样规定的，怎样分析绝缘状况

运行中的变压器进行定期试验主要是监督其绝缘状况，一般每年对变压器做一次预防性试验。

试验标准：按水利电力部颁发的电气试验规程规定。

试验项目：（1）绝缘电阻和吸收比。

（2）介质损失角。

（3）泄漏电流。

（4）分接开关的直流电阻。

（5）变压器油的电气性能（包括绝缘电阻、介质损失角和击穿电压三个项目）

（6）油色谱分析。分析方法：除按规程规定标准衡量是否合格外，还要将各项目的试验结果与前两次试验的结果对比，进行综合分析比较，必要时对怀疑的问题增加鉴定性的试验，找出缺陷，列入检修计划进行处理，并加强运行中的监视。

注意事项： 分析变压器绝缘时，要注意试验时的油温，应换算到 20 °C 的值，注意试验使用的仪表、天气情况等对试验结果的影响。

7. 变压器的特殊巡视项目

（1）过负荷时监视负荷、油温和油位的变化，接头接触应良好，冷却系统应运行正常。

（2）大风天气时监视引线摆动情况及有无搭挂杂物。

（3）雷雨天气时监视瓷套管有无放电闪络现象以及避雷器的放电记录器动作情况。

（4）下雾天气时监视瓷套管有无放电打火现象，重点监视污秽瓷质部分。

（5）下雪天气时根据积雪溶化情况检查接头发热部位，及时清理冰棒。

（6）短路故障后检查有关设备，接头有无变形。

8. 如何判断变压器音响是否正常？发生异音可能是什么原因

变压器正常运行时，应发出均匀的"嗡嗡"声，这是因为交流电通过变压器的线圈时，在铁心里产生周期性变化的磁力线，引起自身的振动发出响声，如果产生不均匀声音或其他异音，都是不正常的。发生异音的原因有下列几种可能：

（1）过负荷引起的。

（2）内部接触不良放电打火。

（3）个别零件松动。

（4）系统有接地或短路。

（5）大动力起动，负荷变化较大（如电弧炉等的起动）。

（6）铁磁谐振。

9. 如何判断油位是否正常，出现假油位是什么原因，怎样处理

变压器油位正常变化（排除渗漏油）决定于变压器的油温变化，因为油温的变化直接影响变压器油的体积，使油标内的油面上升或下降。影响变压器的油温因素有负荷、环境温度和冷却装置运行状况等。如果油温变化是正常的，而油标管内油位不变化或变化异常，则说明油位是假的。

运行中出现假油位的原因可能有：油标管堵塞、呼吸器堵塞、防爆管通气孔堵塞等。处理时，先将重瓦斯解除。

10. 变压器缺油的影响

（1）运行中的变压器油位下降过低，可能造成瓦斯保护误动作。

（2）缺油严重时内部线圈暴露，可能造成绝缘损坏击穿事故。

（3）变压器处于停用状态时，严重缺油线圈暴露则容易受潮，线圈绝缘下降。

11. 如何判断变压器的温度变化是正常还是异常的

变压器在运行中，铁心和线圈的损耗转化为热量，引起各部位发热，温度升高，热量向周围以辐射和传导等方式扩散出去，当发热与散热接近平衡状态时，各部分的温度趋于稳定。铁损是基本不变的，而铜损随负荷而变化。巡视检查变压器时应记录环境温度、上层油温、线圈温度、负荷以及油位指示，与以前数值对照分析判断变压器是否运行正常。

若发现在同样条件下油温比平时高出 10 ℃ 以上，或负荷不变但温度不断上升，而冷却装置运行正常，则认为变压器发生内部故障，应注意温度表有无误差（失灵）。

12. 变压器的常见故障

（1）绕组的主绝缘和匝间绝缘故障。变压器绕组的主绝缘和匝间绝缘是容易发生故障的部位，其主要原因是：

a. 由于长期过负荷运行、散热条件差或变压器使用年限长久，使变压器绝缘老化脆裂，抗电强度大大降低。

b. 变压器经过多年的短路冲击，使绕组受力变形，虽然还能运行，但隐藏着绝缘缺陷，一旦遇有电压波动即有可能把绝缘击穿。

c. 变压器油中进水，使绝缘强度大大降低不能承受允许的电压而造成绝缘击穿。

d. 在高压绕组加强段处或低压绕组部位，因绝缘膨胀使油道堵塞，造成绝缘过热而老化，发生击穿短路。

e. 由于防雷设施不完善，在大气过电压作用下，发生绝缘击穿事故。

（2）引线处绝缘故障。变压器引线是靠套管支撑和绝缘，由于套管上端帽罩不严而进水，主绝缘变潮而击穿，或变压器严重缺油而油箱内引线暴露在空气中，造成内部闪络，都会在引线处故障。

（3）铁芯绝缘故障。变压器铁心是用硅钢片叠成的，硅钢片之间有绝缘漆膜，若由于紧固不好使漆膜破坏将因此产生涡流而发生局部过热。同样道理，若夹紧铁心的穿心螺丝、压铁等部件绝缘破坏，同样会发生过热现象。

（4）套管处闪络和爆炸。变压器高压侧（110 kV 及以上）一般使用电容套管，由于瓷质不良有沙眼或裂纹，电容芯子制造上有缺陷，内部有游离放电，套管密封不好，有漏油现象，套管积垢严重等等，都可能发生闪络和爆炸。

（5）分接开关故障。

对于无载调压分接开关，故障原因如下：

a. 由于长时间靠压力接触，会出现弹簧压力不足，滚轮压力不均，使分接开关连接部分的有效接触面积减小，以及连接处接触部分镀银层磨损脱落，引起分接开关在运行中发热损坏。

b. 分接开关接触不良，引出线连接和焊接不良，经受不住短路电流的冲击而造成分接开关在变压器向外供出瞬间短路电流时被烧坏而发生故障。

c. 为了监视分接开关的接触好坏和回路的接通情况，变压器大修后应测分接开关所有位置的直流电阻值，小修后测运行分接头的直流电阻值，并与原始数据进行比较，看其数值有无大

的变化，是否满足规程规定。在试验和检修工作中，一定要严格核实分接头位置，（分相操作要各相一致，运行分接头测直流电阻后一般不再变动）。

对于有载调压分接开关，故障原因如下：

a. 有载分接开关的变压器，切换开关油箱与变压器油箱是互不相通的。若切换开关油箱发生严重缺油，则在切换中会发生短路故障，使分接开关烧毁。为此在运行中应分别监视两油箱油位是否在正常状态。

b. 分接开关机构故障，由于卡塞使分接开关停在过程位置上，造成分接开关烧坏。

c. 分接开关油箱不严，渗水漏油，或运行多年不进行油的检查化验，使油脏污绝缘强度下降造成故障。

d. 分支开关切换机构调整不好，触头烧损，严重时部分熔化，进而发生电弧引起故障。

第 3 章　交流电机

交流电动机的工作效率较高，又没有烟尘、气味，不污染环境，噪声也较小。由于它的一系列优点，所以在工农业生产、交通运输、国防、商业及家用电器、医疗电器设备等各方面广泛应用。

3.1　交流电动机

交流电动机，是将交流电的电能转变为机械能的一种机器。实现电能与机械能相互转换的电工设备总称为电机。电机是利用电磁感应原理实现电能与机械能的相互转换。把机械能转换成电能的设备称为发电机，而把电能转换成机械能的设备叫做电动机。在生产上主要用的是交流电动机，特别三相异步电动机，因为它具有结构简单、坚固耐用、运行可靠、价格低廉、维护方便等优点。它被广泛地用来驱动各种金属切削机床、起重机、锻压机、传送带、铸造机械、功率不大的通风机及水泵等。

3.1.1　电动机的分类

电动机按工作电源种类划分，可分为直流电机和交流电机。直流电动机按结构及工作原理可划分为无刷直流电动机和有刷直流电动机。有刷直流电动机可划分为永磁直流电动机和电磁直流电动机。电磁直流电动机可划分为串励直流电动机、并励直流电动机、他励直流电动机和复励直流电动机。永磁直流电动机可划分稀土永磁直流电动机、铁氧体永磁直流电动机和铝镍钴永磁直流电动机。其中交流电机还可分为同步电机和异步电机。同步电机可划分为永磁同步电动机、磁阻同步电动机和磁滞同步电动机。异步电机可划分为感应电动机和交流换向器电动机。感应电动机可划分为三相异步电动机、单相异步电动机和罩极异步电动机等。交流换向器电动机可划分为单相串励电动机、交直流两用电动机和推斥电动机，如图 3-1 所示。

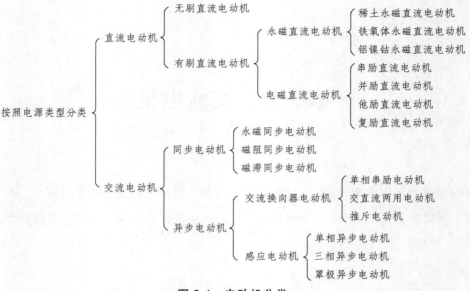

图 3-1 电动机分类

3.1.2 三相异步电动机的工作原理

1. 三相异步电动机的构造

三相异步电动机的两个基本组成部分为定子（固定部分）和转子（旋转部分）。此外还有端盖、风扇等附属部分，如图 3-2 所示。

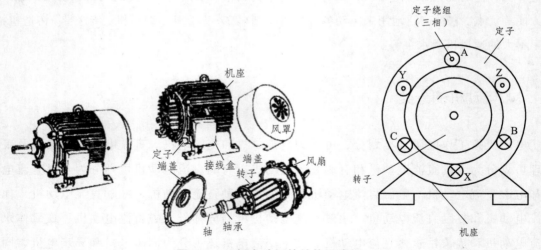

图 3-2 三相电动机的结构示意图

1）定 子

三相异步电动机的定子由三部分组成：

定子铁心：由厚度为 0.5 mm 的，相互绝缘的硅钢片叠成，硅钢片内圆上有均匀分布的槽，其作用是嵌放定子三相绕组 AX、BY、CZ。

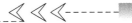

定子绕组：三组用漆包线绕制好的、对称地嵌入定子铁心槽内的相同的线圈。三相绕组可接成星形或三角形。

机座：机座用铸铁或铸钢制成，其作用是固定铁心和绕组 。

2）转　子

三相异步电动机的转子由三部分组成：

转子铁心：由厚度为 0.5 mm 的、相互绝缘的硅钢片叠成，硅钢片外圆上有均匀分布的槽，其作用是嵌放转子三相绕组。

转子绕组：转子绕组有两种形式：鼠笼式异步电动机。绕线式异步电动机。

转轴：转轴上加机械负载。

2．三相异步电动机的转动原理

1）基本原理

为了说明三相异步电动机的工作原理，我们做如下演示实验，如图 3-3 所示。

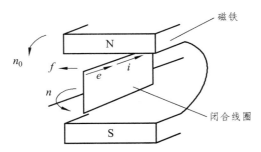

图 3-3　三相异步电动机工作原理

（1）演示实验：在装有手柄的蹄形磁铁的两极间放置一个闭合导体，当转动手柄带动蹄形磁铁旋转时，将发现导体也跟着旋；若改变磁铁的转向，则导体的转向也跟着改变。

（2）现象解释：当磁铁旋转时，磁铁与闭合的导体发生相对运动，鼠笼式导体切割磁力线而在其内部产生感应电动势和感应电流。感应电流又使导体受到一个电磁力的作用，于是导体就沿磁铁的旋转方向转动起来，这就是异步电动机的基本原理。转子转动的方向和磁极旋转的方向相同。

（3）结论：欲使异步电动机旋转，必须有旋转的磁场和闭合的转子绕组。

2）旋转磁场

（1）产生。

如图 3-4 所示最简单的三相定子绕组 AX、BY、CZ，它们在空间按互差 120°的规律对称排列。并接成星形与三相电源 U、V、W 相联。则三相定子绕组便通过三相对称电流：

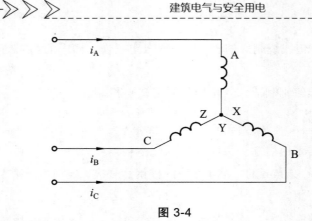

图 3-4

$$i_A = I_m \sin(\omega t)$$

$$i_B = I_m \sin(\omega t - 120°)$$

$$i_C = I_m \sin(\omega t + 120°)$$

根据电流的磁效应，在三相绕组的空间上就会产生旋转磁场，如图 3-5 所示，为方便

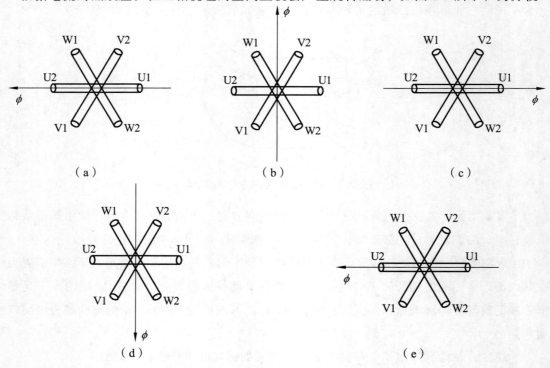

图 3-5　旋转磁场的产生

分析，规定电流为正值时，电流从线圈的首端（即 U_1、V_1 和 W_1）流向末端（即 U_2、V_2 和 W_2）。图中首端用 ⊗ 表示，末端用 ⊙ 表示，反之电流由末端流向首端。取 $\omega t = 0°$、$90°$、$180°$、$270°$ 和 $360°$ 五个瞬间，依次的标出电流的方向，由右手螺旋法则确定磁场的方向。$\omega t = 0°$ 时，磁场方向由右指向左；$\omega t = 90°$ 时，磁场的方向垂直向上；$\omega t = 180°$、$270°$ 和 $360°$ 时，磁场的方向分别向右、向下和向左，顺时针旋转一周，分别如图 3-5（a）、（b）、（c）、（d）和（e）所示。

当 $t = 0°$ 时，$i_A = 0$，AX 绕组中无电流；i_B 为负，BY 绕组中的电流从 Y 流入 B 流出；i_C 为正，CZ 绕组中的电流从 C 流入 Z 流出；由右手螺旋定则可得合成磁场的方向如图 3-6（a）所示。

当 $t = 120°$ 时，$i_B = 0$，BY 绕组中无电流；i_A 为正，AX 绕组中的电流从 A 流入 X 流出；i_C 为负，CZ 绕组中的电流从 Z 流入 C 流出；由右手螺旋定则可得合成磁场的方向如图 3-6（b）所示。

当 $t = 240°$ 时，$i_C = 0$，CZ 绕组中无电流；i_A 为负，AX 绕组中的电流从 X 流入 A 流出；i_B 为正，BY 绕组中的电流从 B 流入 Y 流出；由右手螺旋定则可得合成磁场的方向如图 3-6（c）所示。

可见，当定子绕组中的电流变化一个周期时，合成磁场也按电流的相序方向在空间旋转一周。随着定子绕组中的三相电流不断地做周期性变化，产生的合成磁场也不断地旋转，因此称为旋转磁场。

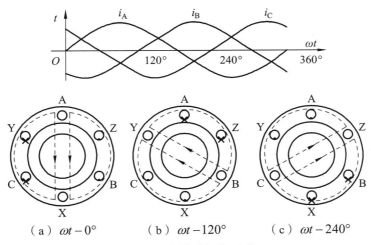

图 3-6　旋转磁场的形成

（2）旋转磁场的方向。旋转磁场的方向是由三相绕组中电流相序决定的，若想改变旋转磁场的方向，只要改变通入定子绕组的电流相序，即将三根电源线中的任意两根对调即可。这时，转子的旋转方向也跟着改变。

通过上述分析可以总结出电动机工作原理为：当电动机的三相定子绕组（各相差 120°电角度），通入三相对称交流电后，将产生一个旋转磁场，该旋转磁场切割转子绕组，从而在转子绕组中产生感应电流（转子绕组是闭合通路），载流的转子导体在定子旋转磁场作用下将产生电磁力，从而在电机转轴上形成电磁转矩，驱动电动机旋转，并且电机旋转方向与旋转磁场方向相同。

3）三相异步电动机的极数与转速

（1）极数（磁极对数 p）。三相异步电动机的极数就是旋转磁场的极数。旋转磁场的极数和三相绕组的安排有关。当每相绕组只有一个线圈，绕组的始端之间相差 120°空间角时，产生的旋转磁场具有一对极，即 $p = 1$；当每相绕组为两个线圈串联，绕组的始端之间相差 60°

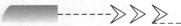

空间角时，产生的旋转磁场具有两对极，即 $p=2$；同理，如果要产生三对极，即 $p=3$ 的旋转磁场，则每相绕组必须有均匀安排在空间的串联的三个线圈，绕组的始端之间相差 $40°$（$120°/p$）空间角。

（2）转速 n。三相异步电动机旋转磁场的转速 n_0 与电动机磁极对数 p 有关，它们的关系是：

$$n_0 = \frac{60f}{p} \ (r/mim)$$

（3）转差率 s。电动机转子转动方向与磁场旋转的方向相同，但转子的转速 n 不可能达到与旋转磁场的转速 n_0 相等，否则转子与旋转磁场之间就没有相对运动，因而磁力线就不切割转子导体，转子电动势、转子电流以及转矩也就都不存在。也就是说旋转磁场与转子之间存在转速差，因此我们把这种电动机称为异步电动机，又因为这种电动机的转动原理是建立在电磁感应基础上的，故又称为感应电动机。

旋转磁场的转速 n_0 常称为同步转速。

转差率是异步电动机的一个重要的物理量。当旋转磁场以同步转速 n_0 开始旋转时，转子则因机械惯性尚未转动，转子的瞬间转速 $n=0$，这时转差率 $S=1$。转子转动起来之后，$n>0$，n_0-n 差值减小，电动机的转差率 $S<1$。如果转轴上的阻转矩加大，则转子转速 n 降低，即异步程度加大，才能产生足够大的感受电动势和电流，产生足够大的电磁转矩，这时的转差率 S 增大；反之，S 减小。异步电动机运行时，转速与同步转速一般很接近，转差率很小。在额定工作状态下为 $0.015 \sim 0.06$。

3.1.3 三相异步电动机的启动

三相异步电动机的启动方法主要有直接启动、传统减压启动和软启动三种启动方法。

1. 直接启动

直接起动，也叫全压启动。启动时通过一些直接启动设备，将全部电源电压（即全压）直接加到异步电动机的定子绕组，使电动机在额定电压下进行启动。一般情况下，直接启动时启动电流为额定电流的 $3 \sim 8$ 倍，启动转矩为额定转矩的 $1 \sim 2$ 倍。根据对国产电动机实际测量，某些笼型异步电动机启动电流甚至可以达到 $8 \sim 12$ 倍。

直接启动的启动线路是最简单的，如图 3-7 所示。然而这种启动方法有诸多不足。对于需要频繁启动的电动机，过大的启动电流会造成电动机的发热，缩短电动机的使用寿命；同时电动机绕组在电动力的作用下，会发生变形，可能引起短路进而烧毁电动机；另外过大的启动电流，会使线路电压降增大，造成电网电压的显著下降，从而影响同一电网的其他设备的正常工作，有时甚至使它们停下来或无法带负载启动。

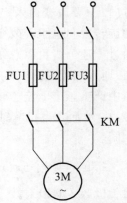

图 3-7 直接启动原理图

2. 传统减压启动

减压启动是在启动时先降低定子绕组上的电压，待启动后，再把电压恢复到额定值。减压启动虽然可以减小启动电流，但是同时启动转矩也会减小。因此，减压启动方法一般只适用于轻载或空载情况。传统减压启动的具体方法很多，这里介绍以下三种减压启动的方法：

（1）定子串接电阻或电抗启动。定子绕组串电阻或电抗相当于降低定子绕组的外加电压。由三相异步电动机的等效电路可知：启动电流正比于定子绕组的电压，因而定子绕组串电阻或电抗可以达到减小启动电流的目的。但考虑到启动转矩与定子绕组电压的平方成正比，启动转矩会降低的更多。因此，这种启动方法仅仅适用于空载或轻载启动场合。

对于容量较小的异步电动机，一般采用定子绕组串电阻降压；但对于容量较大的异步电动机，考虑到串接电阻会造成铜耗较大，故采用定子绕组串电抗降压启动。

如图 3-8 所示，当启动电机时，合上开关 Q，交流接触器 KM 断开，使电源经电阻或电抗 R 流进电机。当电机启动完成时 KM 吸合，短接电阻或电抗 R。

（2）星-三角形（Y-△）启动。星-三角形启动法是电动机启动时，定子绕组为星形（Y）接法，当转速上升至接近额定转速时，将绕组切换为三角形（△）接法，使电动机转为正常运行的一种启动方式。星-三角形启动方法虽然简单，但电动机定子绕组的六个出线端都要引出来，略显麻烦。

如图 3-9 所示为星-三角形启动法的原理图。接触器 KM2 和 KM3 互锁，即其中一个闭合时，必须保证另一个断开。KM2 闭合时，定子绕组为星形（Y）接法，使电动机启动。切换至 KM3 闭合，定子绕组改为三角形（△）接法，电动机转为正常运行。由控制电路中的时间继电器 KT 确定星-三角切换的时间。

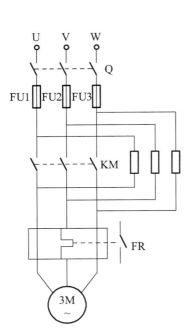

图 3-8　定子串电阻或电抗启动原理图

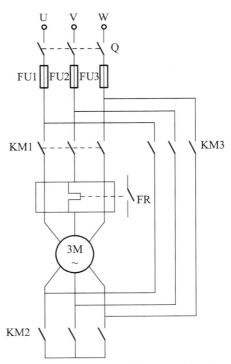

图 3-9　星-三角形启动法的原理图

定子绕组接成星形连接后，每相绕组的相电压为三角形连接（全压）时的 1/3，故星-三角形启动时启动电流及启动转矩均下降为直接启动的 1/3。由于启动转矩小，该方法只适合于轻载启动的场合。

（3）自耦变压器启动。

自耦变压器启动法就是电动机启动时，电源通过自耦变压器降压后接到电动机上，待转速上升至接近额定转速时，将自耦变压器从电源切除，而使电动机直接接到电网上转化为正常运行的一种启动方法。

如图 3-10 所示为自耦变压器启动的自动控制主回路。控制过程如下：合上空气开关 Q 接通三相电源，按启动按钮后 KM1 线圈通电吸合并自锁，其主触头闭合，将自耦变压器线圈接成星形，与此同时由于 KM1 辅助常开触点闭合，使得接触器 KM2 线圈通电吸合，KM2 的主触头闭合由自耦变压器的低压抽头（例如 65%）将三相电压的 65% 接入电动。当时间继电器 KT 延时完毕闭合后，KM1 线圈断电，使自耦变压器线圈封星端打开；同时 KM2 线圈断电，切断自耦变压器电源，使 KM3 线圈得电吸合，KM3 主触头接通电动机在全压下运行。自耦变压器一般有 65% 和 80% 额定电压的两组抽头。

若自耦变压器的变比为 k，与直接启动相比，采用自耦变压器启动时，其一次侧启动线电流和启动转矩都降低到直接启动的 1/2k。

自耦变压器启动法不受电动机绕组接线方式（丫接法或 △ 接法）的限制，允许的启动电流和所需启动转矩可通过改变抽头进行选择，但设备费用较高。

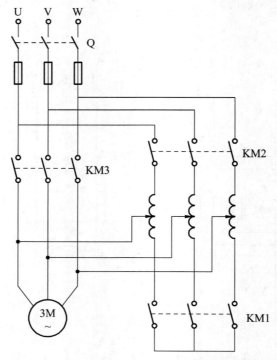

图 3-10　异步电动机的自耦变压器启动法

自耦变压器启动适用于容量较大的低压电动机作减压启动用，应用非常广泛，有手动及自动控制线路。其优点是电压抽头可供不同负载启动时选择；缺点是质量大、体积大、价格高、维护检修费用高。

3．软启动

软启动可分为有级和无级两类，前者的调节是分档的，后者的调节是连续的。在电动机定子回路中，通过串入限流作用的电力器件实现软启动，叫做降压或者限流软启动。它是软启动中的一个重要类别。按限流器件不同可分为：以电解液限流的液阻软启动；以磁饱和电抗器为限流器件的磁控软启动；以晶闸管为限流器件的晶闸管软启动。

晶闸管软启动产品问世不过 30 年左右的时间，它是当今电力电子器件长足进步的结果。10 年前，电气工程界就有人预言，晶闸管软启动将引发软启动行业的一场革命。目前在低压（380 V）内，晶闸管软启动产品价格已经下降到大约液阻软启动的 2 倍，甚至更低。而其主要性能却优于液阻软启动。与液阻软启动相比，它的体积小、结构紧凑，维护量小，功能齐全，菜单丰富，启动重复性好，保护周全，这些都是液阻软启动无法比拟的。

但是晶闸管软启动产品也有缺点。一是高压产品的价格太高，是液阻软启动产品的 5 ~ 10 倍，二是晶闸管引起的高次谐波比较严重。

3.1.4　三相异步电动机的制动

在切断电源以后，利用电气原理或机械装置使电动机迅速停转的方法称为三相异步电动机的制动 。制动的方法一般有两类：机械制动和电力制动。

机械制动：利用机械装置使电动机断开电源后迅速停转的方法叫机械制动。机械制动常用的方法有电磁抱闸和电磁离合器制动。

电气制动：电动机产生一个和转子转速方向相反的电磁转矩，使电动机的转速迅速下降。三相交流异步电动机常用的电气制动方法有反接制动、能耗制动和回馈制动。

1．机械制动

采用机械装置使电动机断开电源后迅速停转的制动方法。如电磁抱闸、电磁离合器等电磁铁制动器。

1）电磁抱闸断电制动控制电路

电磁抱闸断电制动控制电路如图 3-11（a）所示。合上电源开关 QS 和开关 K，电动机接通电源，同时电磁抱闸线圈 YB 得电，衔铁吸合，克服弹簧的拉力使制动器的闸瓦与闸轮分开，电动机正常运转。断开开关，电动机失电，同时电磁抱闸线圈 YB 也失电，衔铁在弹簧拉力作用下与铁芯分开，并使制动器的闸瓦紧紧抱住闸轮，电动机被制动而停转。图 3-11 中开关 K 可采用倒顺开关、主令控制器、交流接触器等控制电动机的正反转，满足控制要求。倒顺开关接线示意图如图 3-11（b）所示。这种制动方法在起重机械上广泛应用，如行车、卷扬机、电动葫芦（大多采用电磁离合器制动）等。其优点是能准确定位，可防止电动机突然断电时重物自行坠落而造成事故。

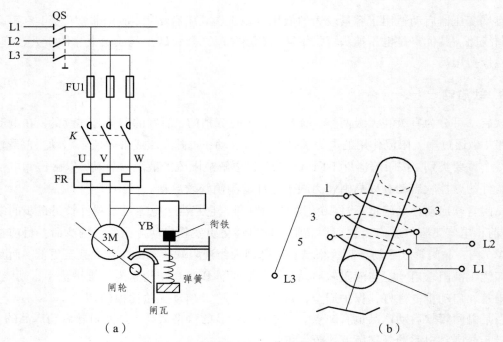

图 3-11   电磁抱闸断电制动控制电路

2）电磁抱闸通电制动控制电路

电磁抱闸断电制动其闸瓦紧紧抱住闸轮，若想手动调整工作是很困难的。因此，对电动机制动后仍想调整工件的相对位置的机床设备就不能采用断电制动，而应采用通电制动控制，其电路如图 3-12 所示。当电动机得电运转时，电磁抱闸线圈无法得电，闸瓦与闸轮分开无制动作用；当电动机需停转按下停止按钮 SB2 时，复合按钮 SB2 的常闭触头先断开，切断 KM1 线圈，KM1 主、辅触头恢复无电状态，结束正常运行并为 KM2 线圈得电做好准备，经过一定的行程，SB2 的常开触头接通 KM2 线圈，其主触头闭合电磁抱闸的线圈得电，使闸瓦紧紧抱住闸轮制动；当电动机处于停转常态时，电磁抱闸线圈也无电，闸瓦与闸轮分开，这样操作人员可扳动主轴调整工件或对刀等。

机械制动主要采用电磁抱闸、电磁离合器制动，两者都是利用电磁线圈通电后产生磁场，使静铁心产生足够大的吸力吸合衔铁或动铁心（电磁离合器的动铁心被吸合，动、静摩擦片分开），克服弹簧的拉力而满足工作现场的要求。电磁抱闸是靠闸瓦的摩擦片制动闸轮，电磁离合器是利用动、静摩擦片之间足够大的摩擦力使电动机断电后立即制动。

2. 电力制动

电动机在切断电源的同时给电动机一个和实际转向相反的电磁力矩（制动力矩）使电动机迅速停止的方法。最常用的方法有反接制动和能耗制动。

（1）反接制动。在电动机切断正常运转电源的同时改变电动机定子绕组的电源相序，使之有反转趋势而产生较大的制动力矩的方法。反接制动的实质是使电动机欲反转而制动，因此当

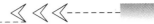

电动机的转速接近零时，应立即切断反接转制动电源，否则电动机会反转。实际控制中采用速度继电器来自动切除制动电源。

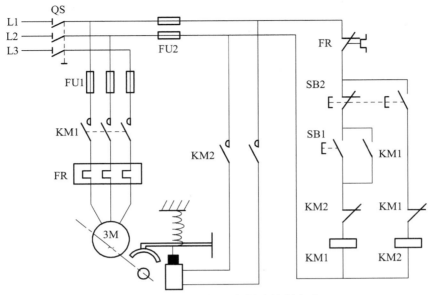

图 3-12　电磁抱闸通电制动控制电路

反接制动控制电路如图 3-13 所示，其主电路和正反转电路相同。由于反接制动时转子与旋转磁场的相对转速较高，约为启动时的 2 倍，致使定子、转子中的电流会很大，大约是额定值的 10 倍。因此反接制动电路增加了限流电阻 R。KM1 为运转接触器，KM2 为反接制动接触器，KV 为速度继电器，其与电动机联轴，当电动机的转速上升到约为 100 转/分的动作值时，KV 常开触头闭合为制动做好准备。

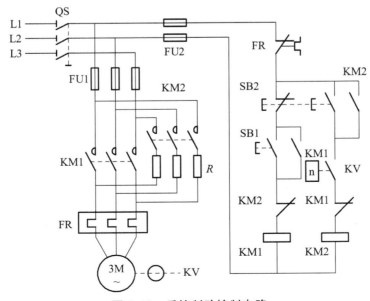

图 3-13　反接制动控制电路

反接制动分析：停车时按下停止按钮 SB2，复合按钮 SB2 的常闭先断开切断 KM1 线圈，KM1 主、辅触头恢复无电状态，结束正常运行并为反接制动做好准备，后接通 KM2 线圈（KV 常开触头在正常运转时已经闭合），其主触头闭合，电动机改变相序进入反接制动状态，辅助触头闭合自锁持续制动，当电动机的转速下降到设定的释放值时，KV 触头释放，切断 KM2 线圈，反接制动结束。

一般地，速度继电器的释放值调整到 90 转/分左右，如释放值调整得太大，反接制动不充分；调整得太小，又不能及时断开电源而造成短时反转现象。反接制动制动力强，制动迅速，控制电路简单，设备投资少，但制动准确性差，制动过程中冲击力强烈，易损坏传动部件。因此适用于 10 kW 以下小容量的电动机制动，要求迅速、系统惯性大，不经常启动与制动的设备，如铣床、镗床、中型车床等主轴的制动控制。

（2）能耗制动。该制动是在电动机切断交流电源的同时给定子绕组的任意两相加一直流电源，以产生静止磁场，依靠转子的惯性转动切割该静止磁场产生制动力矩的方法。

原理分析：电动机切断电源后，转子仍沿原方向惯性转动，如图 3-14 所示设为顺时针方向，这时给定子绕组通入直流电，产生一恒定的静止磁场，转子切割该磁场产生感生电流，用右手定则判断其方向，如图 3-14 所示。该感生电流又受到磁场的作用产生电磁转矩，由左手定则知其方向正好与电动机的转向相反而使电动机受到制动迅速停转。可逆运行能耗制动的控制电路如图 3-15 所示。KV1、KV2 分别为速度继电器 KV 的正、反转动作触头，接触器 KM1、KM2、KM3 之间互锁，防止交流电源、直流制动电源短路。停车时按下停止按钮 SB3，复合按钮 SB3 的常闭先断开，切断正常运行接触器 KM1 或 KM2 线圈，后接通 KM3 线圈，KM3 主、辅触头闭合，交流电流经变压器 T、全波整流器 VC 通入 V、W 相绕组直流电，产生恒定磁场进行制动。R_P 调节直流电流的大小，从而调节制动强度。

能耗制动平稳、准确，能量消耗小，但需附加直流电源装置，设备投资较高，制动力较弱，在低速时制动力矩小。主要用于容量较大的电动机制动或制动频繁的场合及制动准确、平稳的设备，如磨床、立式铣床等的控制，但不适合用于紧急制动停车。

能耗制动还可用时间继电器代替速度继电器进行制动控制。

电动机的制动方法较多，还有如电容制动、再生发电制动等，但实际应用主要是上述四种方法，其各有特点和使用场合。

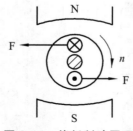

图 3-14　能耗制动原理

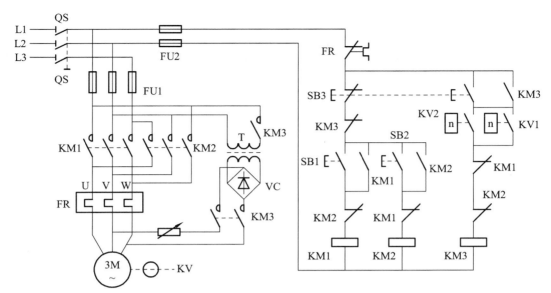

图 3-15 能耗制动的控制电路

3.1.5 三相异步电动机的调速

三相异步电动机转速公式为

$$n = 60f(1-s)/p$$

从上式可见,改变供电频率 f、电动机的极对数 p 及转差率 s 均可达到改变转速的目的。从调速的本质来看,不同的调速方式无非是改变交流电动机的同步转速或不改变同步转速两种。

在生产机械中广泛使用不改变同步转速的调速方法有绕线式电动机的转子串电阻调速、斩波调速、串级调速以及应用电磁转差离合器、液力偶合器、油膜离合器等调速。改变同步转速的有改变定子极对数的多速电动机,改变定子电压、频率的变频调速有能无换向电动机调速等。

从调速时的能耗观点来看,分为高效调速方法与低效调速方法两种。高效调速指时转差率不变,因此无转差损耗,如多速电动机、变频调速以及能将转差损耗回收的调速方法(如串级调速等)。有转差损耗的调速方法属低效调速,如转子串电阻调速方法,能量就损耗在转子回路中;电磁离合器的调速方法,能量损耗在离合器线圈中;液力偶合器调速,能量损耗在液力偶合器的油中。一般来说转差损耗随调速范围扩大而增加,假如调速范围不大,能量损耗是很小的。

1. 变极对数调速方法

这种调速方法是用改变定子绕组的接线方式来改变笼型电动机定子极对数达到调速目的,特点如下:

具有较硬的机械特性,稳定性良好;

无转差损耗,效率高;

接线简单、控制方便、价格低;

有级调速，级差较大，不能获得平滑调速；

可以与调压调速、电磁转差离合器配合使用，获得较高效率的平滑调速特性。

本方法适用于不需要无级调速的生产机械，如金属切削机床、升降机、起重设备、风机、水泵等。

2. 变频调速方法

变频调速是改变电动机定子电源的频率，从而改变其同步转速的调速方法。变频调速系统主要设备是提供变频电源的变频器，变频器可分成交流－直流－交流变频器和交流－交流变频器两大类，目前，国内大都使用交－直－交变频器。其特点如下：

效率高，调速过程中没有附加损耗；

应用范围广，可用于笼型异步电动机；

调速范围大，特性硬，精度高；

技术复杂，造价高，维护检验困难。

本方法适用于要求精度高、调速性能较好场合。

3. 串级调速方法

串级调速是指绕线式电动机转子回路中串进可调节的附加电势来改变电动机的转差，达到调速的目的。大部分转差功率被串进的附加电势所吸收，再利用产生附加的装置，把吸收的转差功率返回电网或转换能量加以利用。根据转差功率吸收利用方式，串级调速可分为电机串级调速、机械串级调速及晶闸管串级调速形式，多采用晶闸管串级调速，其特点为：

可将调速过程中的转差损耗回馈到电网或生产机械上，效率较高；

装置容量与调速范围成正比，投资省，适用于调速范围在额定转速 70%~90%的生产机械上；

调速装置故障时可以切换至全速运行，避免停产；

晶闸管串级调速功率因数偏低，谐波影响较大。

本方法适合于风机、水泵及轧钢机、矿井提升机、挤压机上使用。

4. 绕线式电动机转子串电阻调速方法

绕线式异步电动机转子串进附加电阻，使电动机的转差率加大，电动机在较低的转速下运行。串进的电阻越大，电动机的转速越低。此方法设备简单，控制方便，但转差功率以发热的形式消耗在电阻上。属有级调速，机械特性较软。

5. 定子调压调速方法

当改变电动机的定子电压时，可以得到一组不同的机械特性曲线，从而获得不同转速。由于电动机的转矩与电压平方成正比，因此最大转矩下降很多，其调速范围较小，使一般笼型电动机难以应用。为了扩大调速范围，调压调速应采用转子电阻值大的笼型电动机，如专供调压调速用的力矩电动机，或者在绕线式电动机上串联频敏电阻。为了扩大稳定运行范围，当调速在 2∶1 以上的场合应采用反馈控制以达到自动调节转速目的。

调压调速的主要装置是一个能提供电压变化的电源，常用的调压方式有串联饱和电抗器、自耦变压器以及晶闸管调压等几种。晶闸管调压方式为最佳。调压调速的特点如下：

调压调速线路简单，易实现自动控制；

调压过程中转差功率以发热形式消耗在转子电阻中，效率较低。

调压调速一般适用于 100 kW 以下的生产机械。

6．电磁调速电动机调速方法

电磁调速电动机由笼型电动机、电磁转差离合器和直流励磁电源（控制器）三部分组成。直流励磁电源功率较小，通常由单相半波或全波晶闸管整流器组成，改变晶闸管的导通角，可以改变励磁电流的大小。

电磁转差离合器由电枢、磁极和励磁绕组三部分组成。电枢和后者没有机械联系，都能自由转动。电枢与电动机转子同轴联接作为主动部分，由电动机带动；磁极用联轴节与负载轴对接称为从动部分。当电枢与磁极均为静止时，如励磁绕组通以直流，则沿气隙圆周表面将形成若干对 N、S 极性交替的磁极，其磁通经过电枢。当电枢随拖动电动机旋转时，由于电枢与磁极间有相对运动，因而使电枢感应产生涡流，此涡流与磁通相互作用产生转矩，带动有磁极的转子按同一方向旋转，但其转速恒低于电枢的转速 $N1$，这是一种转差调速方式，变动转差离合器的直流励磁电流，便可改变离合器的输出转矩和转速。电磁调速电动机的调速特点如下：

装置结构及控制线路简单、运行可靠、维修方便；

调速平滑、无级调速；

对电网无谐波影响；

效率低。

本方法适用于中、小功率，要求平滑动、短时低速运行的生产机械。

7．液力耦合器调速方法

液力耦合器是一种液力传动装置，一般由泵轮和涡轮组成，它们统称工作轮，放在密封壳体中。壳中充进一定量的工作液体，当泵轮在原动机带动下旋转时，处于其中的液体受叶片推动而旋转，在离心力作用下沿着泵轮外环进入涡轮时，就在同一转向上给涡轮叶片以推力，使其带动生产机械运转。液力耦合器的动力传输能力与壳内相对充液量的大小是一致的。在工作过程中，改变充液率就可以改变耦合器的涡轮转速，做到无级调速，其特点为：

功率适应范围大，可满足从几十千瓦至数千千瓦不同功率的需要；

结构简单，工作可靠，使用及维修方便，且造价低；

尺寸小，能容大；

控制调节方便，轻易实现自动控制。

本方法适用于风机、水泵的调速。

3.2　柴油发电机

柴油发电机组由柴油机、发电机、控制系统三大部分及其他辅助设备组成。

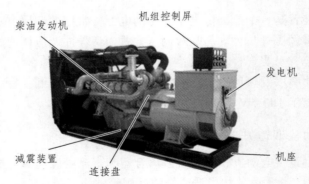

图 3-16　柴油发电机

　　柴油发电机工作原理就是柴油机驱动发电机运转。

　　在汽缸内，经过空气滤清器过滤后的洁净空气与喷油嘴喷射出的高压雾化柴油充分混合，在活塞上行的挤压下，体积缩小，温度迅速升高，达到柴油的燃点。柴油被点燃，混合气体剧烈燃烧，体积迅速膨胀，推动活塞下行，称为"做功"。各汽缸按一定顺序依次做功，作用在活塞上的推力经过连杆变成了推动曲轴转动的力量，从而带动曲轴旋转。

　　将无刷同步交流发电机与柴油机曲轴同轴安装，就可以利用柴油机的旋转带动发电机的转子，利用"电磁感应"原理，发电机就会输出感应电动势，经闭合的负载回路就能产生电流。

第 4 章　电力系统概述

4.1　电力系统

电力系统是能量的一种表现形式，电力工业是国民经济的基础，是先行工业。要实现国家的现代化，没有电力工业是不可能的。电能是现代人们生产和生活的重要能源，它属于二次能源。发电厂将一次能源转换成电能，电能的输送、分配简单经济，便于控制、调节和测量，易于转换为其他形式的能量。

电力系统是由发电厂、电力网和电能用户组成一个发电、输电、变电、配电和用电的整体。电能的生产、输送、分配和使用的全过程，实际上是同时进行的，即发电厂任何时刻生产的电能等于该时刻用电设备消耗的电能与输送、分配中损耗的电能之和。

发电机生产电能，变压器、电力系路输送、分配电能，电动机、电灯、电炉等用电设备使用电能。在这些设备中电能转换为机械能、光能、热能等。这些生产、输送、分配、使用电能的发电机、变压器、电力线路及各种用电设备联系在一起组成的统一整体，就是电力系统。如图 4-1 所示。

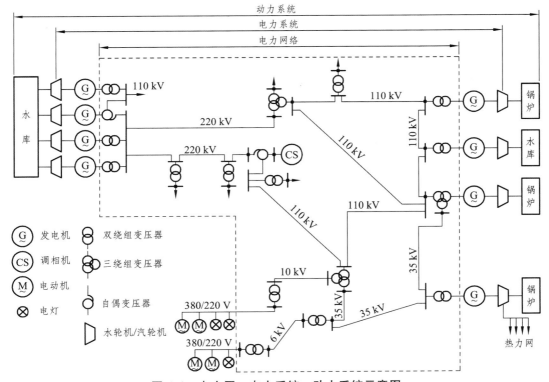

图 4-1　电力网、电力系统、动力系统示意图

与电力系统相关联的还有"电力网络"和"动力网络"。电力网络或电网是指电力系统中除发电设备之外的部分，即电力系统中的各级电压的电力线路及其联系的变配电所；动力系统是指电力系统加上发电厂的"动力部分"，所谓"动力部分"，包括水力发电厂的水库、水轮机、热力发电厂的锅炉、汽轮机、热力网和用电设备，以及核电厂的反应堆等。所以，电力网络是电力系统的一个组成部分，而电力系统又是动力系统的一个组成部分，这三者的关系如图4-1所示。

1. 发电厂

发电厂按其所利用的能源不同，可分为火力发电厂、水力发电厂、核能发电厂、风力发电厂等。因为生产过程中需要大量的水，所以大多数发电厂一般都建立在能源蕴藏地、河水、水库和海岸附近。一般与大城市及大型工矿企业距离较远，要进行远距离的输电。

2. 电 网

电网是由变电所和各种不同电压等级的电力线路组成的输送、交换和分配电能的装置，用于输送、变换和分配发电厂的电能到用户。按功能电网可分为输电网和配电网。输电网通常由35 kV及以上的输电线路和与其相连的变电所组成，配电网通常由10 kV及以下的配电线路和与其相连的配电变电所组成。

城市电网电压应符合国家电压标准：500 kV、330 kV、220 kV、110 kV、66 kV、35 kV、10 KV和220 V/380 V。

3. 变配电所

变电所的任务是接受电能、变换电压和分配电能，即受电-变压-配电。

配电所的任务是接受电能和分配电能，但不改变电压，即受电-配电。

变电所可分为升压变电所和降压变电所两大类。

4. 电能用户

电能用户又称电力负荷。在电力系统中，一切消耗电能的用电设备均称为电能用户。

电力系统在运行中必须具有必要的保护、监控、通信等设备，以保证系统安全、可靠、经济的运行。目前，电能尚难以大量储存，为了保证电力系统优质可靠的供电，应尽可能地使电力系统输出功率与负荷消耗功率达到平衡。

4.2 电力系统的运行接线方式

电力系统运行接线方式就是调度部门制定的发电厂、变电所、换流站和输配电线路之间的连接方式。

1. 一次回路接线种类

变电站一次回路接线是指输电线路进入变电站之后，所有电力设备（变压器及进出线开关

等）的相互连接方式。其接线方案有：线路变压器组，桥形接线，单母线，单母线分段，双母线，双母线分段，环网供电等。

（1）线路变压器组。变电站只有一路进线与一台变压器，而且再无发展的情况下采用线路变压器组接线。

（2）桥形接线。有两路进线、两台变压器，而且再没有发展的情况下，采用桥形接线。针对变压器，联络断路器在两个进线断路器之内为内桥接线，联络断路器在两个进线断路器之外为外桥接线。

（3）单母线。变电站进出线较多时，采用单母线，有两路进线时，一般一路供电、一路备用（不同时供电），二者可用电源互自投，多路出线均由一段母线引出。

（4）单母线分段。有两路以上进线，多路出线时，选用单母线分段，两路进线分别接到两段母线上，两段母线用母联开关连接起来，出线分别接到两段母线上。单母线分段运行方式比较多，一般为一路主供，一路备用（不合闸），母联合上，当主供断电时，备用合上，主供、备用与母联互锁。备用电源容量较小时，备用电源合上后，要断开一些出线。这是比较常用的一种运行方式。对于特别重要的负荷，两路进线均为主供，母联开关断开，当一路进线断电时，母联合上，来电后断开母联再合上进线开关。单母线分段也有利于变电站内部检修，检修时可以停掉一段母线，如果是单母线不分段，检修时就要全站停电，利用旁路母线可以不停电，旁路母线只用于电力系统变电站。

（5）双母线。双母线主要用于发电厂及大型变电站，每路线路都由一个断路器经过两个隔离开关分别接到两条母线上，这样在母线检修时，就可以利用隔离开关将线路倒在母线上。双母线也有分段与不分段两种，双母线分段再加旁路断路器，接线方式复杂，但检修就非常方便了，这样停电范围可减少。

2. 母线接线

1）接线方式

（1）单母线。单母线、单母线分段、单母线加旁路和单母线分段加旁路。

（2）双母线。双母线、双母线分段、双母线加旁路和双母线分段加旁路。

（3）三母线。三母线、三母线分段、三母线分段加旁路。

（4）3/2接线、3/2接线母线分段。

（5）4/3接线。

（6）母线—变压器—发电机组单元接线。

（7）桥形接线。内桥形接线、外桥形接线、复式桥形接线。

（8）角形接线（或称环形）。三角形接线、四角形接线、多角形接线。

2）特　点

（1）单母线接线。单母线接线具有简单清晰、设备少、投资小、运行操作方便且有利于扩建等优点，但可靠性和灵活性较差。当母线或母线隔离开关发生故障或检修时，必须断开母线的全部电源。

（2）双母线接线。双母线接线具有供电可靠、检修方便、调度灵活或便于扩建等优点。但

这种接线所用设备（特别是隔离开关）多，配电装置复杂，经济性较差；在运行中隔离开关作为操作电器，容易发生误操作，且对实现自动化不便；尤其当母线系统故障时，须短时切除较多电源和线路，这对特别重要的大型发电厂和变电所是不允许的。

（3）单、双母线或母线分段加旁路。其供电可靠性高，运行灵活方便，但投资有所增加，经济性稍差。特别是用旁路断路器带该回路时，操作复杂，增加了误操作的机会。同时，由于加装旁路断路器，使相应的保护及自动化系统复杂化。

（4）3/2 及 4/3 接线。具有较高的供电可靠性和运行灵活性。任一母线故障或检修，均不致停电；除联络断路器故障时与其相连的两回线路短时停电外，其他任何断路器故障或检修都不会中断供电；甚至两组母线同时故障（或一组检修时另一组故障）的极端情况下，功率仍能继续输送。但此接线使用设备较多，特别是断路器和电流互感器，投资较大，二次控制接线和继电保护都比较复杂。

（5）母线—变压器—发电机组单元接线。它具有接线简单，开关设备少，操作简便，宜于扩建，以及因为不设发电机出口电压母线，发电机和主变压器低压侧短路电流有所减小等特点。

3. 中性点运行方式

是指系统中星形连接的发电机、变压器中性点对地的连接方式。分为大接地电流系统和小接地电流系统。

1）大接地电流系统

中性点直接接地或经过低阻抗接地系统，如 110 kV、380 V/220 V。

2）小接地电流系统

中性点不接地或经消弧线圈及其他高阻抗而接地的系统，如 6 kV、10 kV、35 kV。在 6～10 kV 电网中接地点电容电流超过 20～30 A，35 kV～66 kV 电网中接地点电容电流超过 10 A 需加装消弧线圈。当发生单相接地时一般故障电流较小，特别是经消弧线圈补偿后，约为 20～30 A，小接地电流系统由此而来。我国普遍采用过补偿方式，用来判断接地点并发出告警的自动装置为小电流接地选线仪。

（1）小接地电流系统接地电流的特点：非故障线路 3I0 大小为本线路的接地电容电流，并且超前零序电压 90°；故障线路 3I0 大小等于所有非故障线路的接地电容电流之和，并滞后零序电压 90° 与非故障线路 3I0 相差 180°；接地故障处的电流大小等于全部线路（故障与非故障）接地电容电流之和。

（2）公司小接地电流选线判据（SIEMENS 判据）：装置通过零序电压和零序电流互感器直接采集 U0 和 I0，然后计算零序有功功率、零序无功功率及零序电流的无功分量，用以判断主变中性点不接地或经消弧线圈接地的小电流接地系统中的单相接地情况。

4.3　电气一次设备

电气一次设备是指直接用于生产、输送和分配电能的生产过程的高压电气设备。它包括发电机、变压器、断路器、隔离开关、自动开关、接触器、刀开关、母线、输电线路、电力电缆、电抗器、电动机等。

次回路是指：由一次设备相互连接，构成发电、变电、输电、配电或进行其他生产的电气回路。一次设备是指直接生产、输送和分配电能的高压电气设备：发电机、变压器、断路器、隔离开关、自动开关、接触器、刀开关、母线、输电线路、电力电缆、电抗器、电动机等。

4.3.1 高压一次设备

企业变配电所中承担输送和分配电能任务的电路，称为一次电路或称主电路、主接线。

一次设备按其功能，可分为以下几类：

（1）变换设备。其功能是按电力系统运行的要求改变电压、电流或频率等，例如，电力变压器、电压互感器、电流互感器、变频机等。

（2）捽制设备。其功能是按电力系统运行的要求来控制一次电路的通、断，例如，各种高、低压开关设备。

（3）保护设备。其功能是用来对电力系统进行过电流和过电压等的保护，例如熔断器和避雷器等。

（4）补偿设备。其功能是用来补偿电力系统中的无功功率，提高系统的功率因数，例如并联电容器等。

（5）成套设备。它是校-次电路接线方案的要求，将有关一次设备及控制、指示、监测和保护'次设备的二次设备组合为一体的电气装置，例如高压开关柜、低压配电屏、动力和照明配电相等。

本节只介绍企业一次电路中常用的高压熔断器、高压隔离开关、高压负荷开关、高压断路器及高压开关柜等。

1. 高压熔断器

熔断器是串联在电路中，当电路电流超过规定值并经一定时间后，其熔体熔化而分断电流、断开电路的一种保护电器。其主要功能是对电路及电路设备进行短路保护，有的熔断器还具有过负荷保护的功能。

企业供电系统中，户内广泛采用 RN1 型、RN2 型高压管式熔断器；户外则广泛采用 RW4 型和 RW10 型高压跌开式熔断器。

高压熔断器全型号的表示和含义如图 4-2 所示。

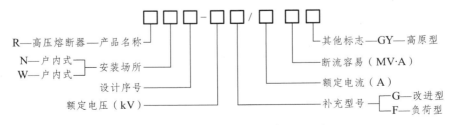

图 4-2 高压熔断器表示

1）RN1 型和 RN2 型户内高压管式熔断器

RN1 型和 RN2 则的结构基本相同，都是瓷质熔管内无石英砂填料的密闭管式熔断器，RN1型主要用作高压电路和设备的短路保护，并能起过负荷保护的作用。其结构尺寸较大，额定电流可达 100 A；而 RN2 型只用作高压电压互感器的短路保护，其结构尺寸较小，熔体额定电流为 0.5 A。其外形结构如图 4-3（a）所示。

RN1 型、RN2 型熔断器焙管的内部结构如图 4-3（b）所示可知，熔断器的工作熔体（铜熔处）上焊接小锡球。锡是低熔点金属，过负荷时锡球受热首先熔化，包围铜熔丝，铜锡分子相互渗透而形成熔点较低的铜锡合金，使钢熔丝能在较低的温度下熔断，它使熔断器能在不太大的过负荷电流和较小的短路电流下动作，从而提高了保护灵敏度。

熔体由多根熔丝并联，而且熔管内充满心共砂，是分别利用粗弧分纫法和狭沟火弧法来加速电弧熄灭的，这种熔断器能在短路后不到半个周期即短路电流冲击未达之前即能完全熄灭电弧，切断短路电流，因此，这种熔断器又称"限流式"熔断器。

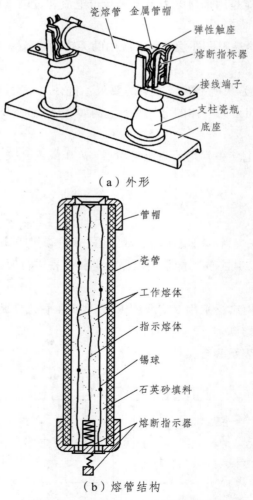

（a）外形

（b）熔管结构

图 4-3 RN1 型、RN2 型熔断器

当短路电流或过负荷电流通过熔断器的熔体时，工作熔体熔断后，指示熔体相继熔断，之后红色的熔断指示器弹出，给出熔断的指示信号。

2）高压一次设备的选择

高压一次设备的选择必须满足一次电路正常条件和短路故障条件下工作的要求，同时设备应工作可靠，运行维护方便，投资经济合理。

电气设备按正常条件下进行选择，就是要考虑电气装置的环境条件和电气要求。环境条件是指电气装置所处的位置、环境温度、海拔高度以及有无防尘、防腐、防火、防爆等要求；电气要求是指电气装备对设备的电压、电流、频率等的要求；对一些断流电器如开关、熔断器等应考虑其断流要求。

电气设备按在短路故障条件下工作进行选择，就是要按最大可能的短路故障时的动稳定度和热稳定度进行校验。钽电容对熔断器及装有熔断器保护的电压互感器，不必进行短路动稳定度和热稳定度的校验。对于电力电缆，其机械强度足够，所以也 44 必进行短路功稳定度的校验。

高压一次设备的选择校验项目和条件如表 4-1 所示。

表 4-1 高压一次设备的选择校验项目和条件

电气设备名称	电压/kV	电流/A	断流能力 kA 或/MV·A	短路电流校验	
				动稳定度	热稳定度
高压熔断器	√	√	√	—	—
高压隔离开关	√	√	—	√	√
高压负荷开关	√	√	√	—	—
高压断路器	√	√	√	√	√
电流互感器	√	√	—	√	√
电压互感器	√	—	—	—	—
高压电容器	√	—	—	—	—
母线	—	√	—	√	√
电缆	√	√	—	—	√
支柱绝缘子	√	√	√	√	—
套管绝缘子	√	—	—	√	√
选择校验条件	设备的额定电压应不小于装置地点的额定电压	设备的额定电流应不小于通过设备的计算电流	设备的最大开断电流应不小于它可能开断的最大电流	按三相短路冲击电流校验	按三相短路稳定电流和短路发热假想时间校验

注：表中"√"表示必须校验"—"表示不要校验。

2. 隔离开关

隔离开关的主要用途是用来隔离高压电源，保证其电气设备和线路的安全检修。

由隔离开关的作用可知，由于它不需要开、合大的负荷电流及故障电流，所以，隔离开关可以不要灭弧装置。当隔离开关断开后，其触头应全部敞露在空气中，有明显的断口，从而保证检修人员的安全。

因为隔离开关没有灭弧装置，所以不能用来接通和断开负荷电流和短路电流，否则就会在隔离开关的触头间形成电弧，不能熄灭，危及设备和人员的安全。因此，隔离开关一般与断路器配合使用，有断路器的地方，就必须有隔离开关。合闸时，必须先合隔离开关，再合断路器；分闸时必须先断断路器，再断开隔离开关。

隔离开关还能接通或断开小电流回路，如电压互感器回路、避雷器和空载母线；也可用来分、合励磁电流不超过 2 A 的空载变压器，关合电容电流不超过 5 A 的空载线路。另外，隔离开关的接地开关还可代替接地线，以保证检修工作的安全。

隔离开关的重要作用决定了隔离开关应有足够的动稳定和热稳定能力，并应保证在规定的接通和断开次数内不会发生任何故障。

1）隔离开关的分类和型式

隔离开关的类型较多，按照操动机构分为手动式和动力式；还可按照安装的地点分为户内式和户外式；按产品组装级数可分为单级式（每极单独装于一个底座上）和三极式（三极装于同一底座上）；按每极绝缘支柱数目可分为单柱式、双柱式、三柱式；按有无接地刀闸分为带接地刀闸和不带接地刀闸；按触头运动方式可分为水平回转式、垂直回转式、伸缩式和插拔式等。

隔离开关的型号含义如图 4-4 所示，图形及文字符号如图 4-5 所示。

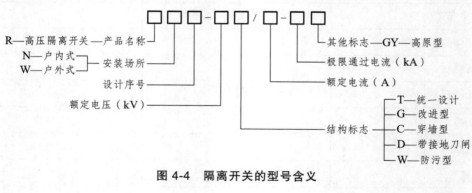

图 4-4　隔离开关的型号含义

（a）垂直画法　　　　　（b）水平画法

图 4-5　隔离开关的图形及文字符号

2）户内型隔离开关

户内隔离开关有单极和三极式两种，一般为闸刀式结构。GN2、GN8、GN11、GN18、GN19、

GN22 系列等隔离开关为三极式结构；GN1、GN3、GN5、GN14 系列等隔离开关为单极式结构。如图 4-6 所示为户内型隔离开关的典型结构图，它由导电部分、支持绝缘子 4、操作绝缘子 2（或称拉杆绝缘子）及底座 5 组成。

图 4-6 中，导电部分包括刀闸 1 动触头以及固定在支持绝缘子上的静触头 3，其中刀闸靠操作绝缘子带动而转动，实现与静触头的接通。刀闸及静触头每相都由两条平行的铜质刀片构成，这种结构的优点是当电流平均流过两刀片且方向相同时，两片刀闸产生相互吸引的电动力，使接触压力增加。为了提高铜的利用率，一般额定电流为 3 000 A 及以下的隔离开关采用矩形截面铜导体，额定电流为 3 000 A 以上则采用槽形截面铜导体。导电部分的对地绝缘由固定在角钢底座 5 上的支持绝缘子 4 承担。

操作绝缘子 2 与刀闸 1 及转轴 7 上对应的拐臂绞接，操动机构则与轴端拐臂 6 连接，各拐臂均与轴硬性连接。当操动机构动作时，由于带动转轴转动，从而驱动刀闸转动而实现分、合闸。

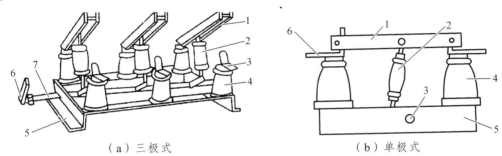

（a）三极式　　　　　　　　　　　（b）单极式

图 4-6　户内型隔离开关典型结构图

1—刀闸；2—操作绝缘子；3—静触头；4—支持绝缘子；
5—底座；6—拐臂；7—转轴

3）户外型隔离开关

户外型隔离开关的工作条件比较恶劣，不但要能适应各种工作条件，还要承受母线或线路拉力，因而其绝缘及机械强度都比同一电压级的户内设备要求高，并要求其触头在操作时有破冰作用，且不致使支持绝缘子损坏。户外型隔离开关一般均制成单极式。其产品系列有 GW1、GW4、GW5、GW6、GW7、GW8、GW9、GW10、GW11、GW12 等。

户外型隔离开关分单柱式隔离开关、双柱式隔离开关和三柱式隔离开关。如图 4-7 所示为 GW4-126 型双柱式户外隔离开关的一相外形图，为水平开启式机构。每相有两个实心瓷柱，装在底座两端的轴承座上，作为支持瓷柱和操作瓷柱，交叉连杆 9 与之连接，可以水平转动；刀闸分成两断，分别固定在两个绝缘瓷柱顶端，触头 2 位于两个瓷柱的中间，且触头上装有防护罩。图 4-7 中触头所示位置为合闸，当分闸操作时，由操动机构带动瓷柱 4 逆时针转动，另一瓷柱在交叉连杆 9 的传动下，同时顺时针转动 90°，于是刀闸便向同一侧方向分闸，使两触头分离。合闸操作方向相反。在刀闸与出线座之间装有滚珠轴承和挠性连接导体，避免由于瓷柱的转动而使引出线扭曲。该型可配用 CS14G 手动操动机构和 CJ6 电动操动机构，配用 CS14 手动操动机构时要配 DWS 电磁锁。GW4 型双柱式隔离开关的品种有 12～252 kV 系列。

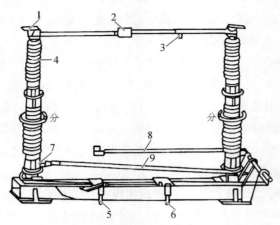

图 4-7　GW4-126 型双柱式型隔离开关

1—接线座；2—主触头；3—接地刀闸触头；4—支柱瓷柱；5—主闸刀传动轴；
6—接地刀闸传动轴；7—轴承座；8—接地刀闸；9—交叉连杆

4）隔离开关的操动机构

隔离开关的操动机构可分为手动式和动力式两类。应用操动机构操作隔离开关，可以使操作方便、省力和安全，便于在隔离开关和断路器之间实现闭锁，防止误动作。

（1）手动操动机构。

手动操动机构必须在隔离开关安装地点就地操作。它结构简单、价格便宜、维护工作量少，且在合闸操作后能及时检查触头的接触情况，因此应用广泛。

手动操动机构分为杠杆式和蜗轮式两种。杠杆式手动操动机构是利用手柄通过传动杠杆来带动刀闸运动，实现隔离开关的分闸或合闸操作，一般用于额定电流小于 3 000 A 以下的隔离开关。手动蜗轮式操动机构，是利用摇把转动蜗杆和蜗轮，通过传动系统实现隔离开关的分闸或合闸操作，一般也用于额定电流小于 3 000 A 的隔离开关。

CS6-T1 型手动杠杆式操动机构如图 4-8 所示，T 表示全国统一设计。图 4-8 中 1 为装有硬性连接的手柄，其上的孔供连接拉杆用，拉杆的另一端连接隔离开关主轴上的拐臂。定位器 6 为一个销子，手柄 1 必须在定位器拔出后才能转动。分闸操作时，拔出定位器轴处的销子，使手柄 1 顺时针向下旋转 150°，则拉杆随之向上旋转 150，通过杆 3 带动扇形板 4 逆时针向下旋转 90，拉杆被拉向下，并带动拐臂顺时针向下旋转 90，使隔离开关分闸，定位器轴处的销子自动弹入锁定。合闸操作顺序相反。另外，在定位器处也可以安装电气或机械闭锁装置，以形成隔离开关和断路器操作次序的连锁，也就是接通电路时，首先操作隔离开关，再操作断路器使电路接通。断开电路时，操作顺序相反。

（2）动力式操动机构。

动力式操作机构结构复杂、价格贵、维护工作量大，但可实现隔离开关的远距离控制和自动控制。

动力式操作机构主要用于户内式重型隔离开关及户外式 126 kV 及以上的隔离开关。动力式操动机构有电动机操动机构（CJ 系列）、电动液压操作机构（CY 系列）及气动操动机构（CQ 系列）。其中，电动机操动机构应用较多。

CJ2 型电动机操动机构安装如图 4-9 所示。它的传动原理与手动蜗轮式操动机构相同，只是采用电动机来代替摇把产生动力。当操动机构的电动机 1 转动时，通过齿轮、蜗杆使蜗轮 2 转动，经连杆 3、牵引杆 4 及传动杆 5 来驱动隔离开关使主轴转动，从而实现分、合闸。电动机的接触器由联锁触点控制，在每次操作完成后，电动机的电源自动断开，电动机停止转动。

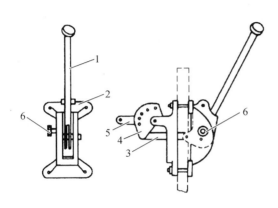

图 4-8　CS6-T1 型手动杠杆式操动机构

1—手柄；2—底座；3—板片；
4—扇形板；5—杠杆；6—定位器；

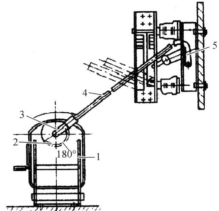

图 4-9　CJ2 型电动机操动机构安装图

1—电动机；2—蜗轮；3—连杆；
4—牵引杆；5—传动杆

3. 高压负荷开关

1）概　述

高压负荷开关是一种结构比较简单，具有一定开断能力和关合能力的高压开关设备。负荷开关具有简单的灭弧装置，主要用来接通和断开正常工作电流，其本身不能开断短路电流，需与高压熔断器串联使用，借助熔断器来切除短路故障。带有热脱扣器的负荷开关还具有过载保护性能。

35 kV 及以下通用型负荷开关具有如下开断和关合能力：

（1）开断不大于其额定电流的有功负荷电流和闭环电流；

（2）开断不大于 10 A 的电缆电容电流或限定长度的架空线充电电流；

（3）开断 1 250 kVA（有些可达 1 600 kVA）及以下变压器的空载电流；

（4）关合不大于自身"额定短路关合电流"的短路电流。

由上可见，负荷开关的性能介于断路器和隔离开关之间。多数负荷开关实际上是由隔离开关和简单的灭弧装置组合而成，其灭弧能力的设计要求根据的是通、断的负荷电流，而不是根据短路电流来设计;但也有少数负荷开关不带隔离开关。负荷开关与熔断器配合而构成的单元,结构简单,价格低廉。当变压器内部故障时,限流熔断器能在 10 s 内切除故障,而断路器需要 60 s,可见其保护变压器比断路器更有效,所以被广泛应用于 10 kV 及以下小功率的电路中。负荷开关断开后,与隔离开关一样,具有明显的断开间隙,因此具有隔离电源,保证安全检修的功能。

高压负荷开关的类型比较多,按安装地点可分为户内式和户外式两类;按是否带有熔断器分为不带熔断器和带有熔断器两类;按灭弧原理和灭弧介质,分为固体产气式负荷开关、压气式负荷开关、油浸式负荷开关、真空式负荷开关和 SF_6 式负荷开关。其中固体产气式是利用电弧能量使固体产气材料产生气体吹弧使电弧熄灭;压气式是利用活塞压气作用产生气吹使电弧熄灭,所压气体可以是空气或 SF_6 气体;SF_6 式负荷开关是在 SF_6 气体中灭弧的。

高压负荷开关的型号含义如图 4-10 所示。图形及文字符号如图 4-11 所示。

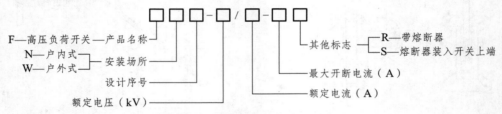

图 4-10　高压负荷开关的型号含义

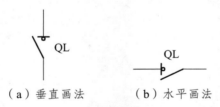

（a）垂直画法　　（b）水平画法

图 4-11　负荷开关的图形及文字符号

2）负荷开关的结构与工作原理

以 FN3-12RT 型户内压气式负荷开关为例说明。FN3-12RT 型为负荷开关-熔断器组合电器,不另带隔离开关。FN3-12RT 型负荷开关外形结构如图 4-12 所示。其上部为 FN3-12 型负荷开关,可以看出其外形与隔离开关相似;框架上有 6 个绝缘子,其上部的 3 个绝缘子内部实际上是一个压气式灭弧装置。当负荷开关分闸时,在闸刀一端的弧动触头与绝缘喷嘴内的弧静触头之间会产生电弧。分闸时主轴转动带动活塞,压缩气缸内的空气从喷嘴向外吹弧,同时电流回路的电磁吹弧作用以及断路弹簧把电弧迅速的拉长,使电弧迅速熄灭。负荷开关的灭弧能力是很有限的,只能断开一定的负荷电流和过负荷电流,但可以通过装设热脱扣器用于过负荷保护,这种负荷开关一般要配用 CS2 等型手力操作机构进行操作。

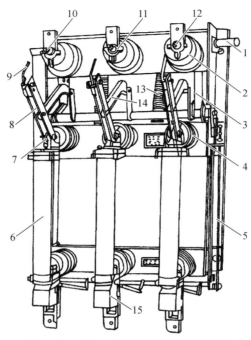

图 4-12 FN3-12RT 型高压负荷开关

1—主轴；2—上绝缘子；3—连杆；4—下绝缘子；5—框架；6—RN1 型高压熔断器；7—下触座；
8—闸刀；9—弧动触头；10—绝缘喷嘴（内有弧静触头）；11—主静触头；12—上触座；
13—断路弹簧；14—绝缘拉杆；15—热脱扣器

FN3-12RT 型负荷开关所带的熔断器装在下部。高压熔断器也可装在负荷开关的电源侧或负荷侧；若装在电源侧，则熔断器对负荷开关本身将起保护作用。

4. 高压断路器

1）高压断路器概述

高压断路器是发电厂、变电所及电力系统中最重要的控制与保护设备。其主要用于接通和断开正常的工作电流，在故障时自动断开电路中的短路电流，切除故障电路等，是开关电器中最为完善的一种设备。

为满足电网发展和电力用户对高质量、高可靠供电的需求，高压断路器正向着智能化的方向发展。智能高压断路器具有在线监测功能，控制功能，多使用新型的电流及电压传感器。

（1）对高压断路器的基本要求。

高压断路器在合闸状态时应为良好的导体，分闸状态时应具有良好的绝缘性，在断开规定的短路电流时，应具有足够的开断能力和尽可能短的断开时间，在开断瞬时性故障后，能进行快速自动重合操作；在接通规定的短路电流时，动作速度快，熄弧时间短，短时间内触头不产生熔焊。

（2）高压断路器类型与型号。

高压断路器按安装地点分为户内型和户外型两种。按使用的灭弧介质可分为真空断路器、

71

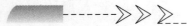

六氟化硫（SF$_6$）断路器、油断路器（已基本淘汰）、空气断路器（应用较少）、磁吹断路器等。按操动机构可分为手动式、电磁式、液压式、弹簧储能式等。这里仅介绍常用的六氟化硫（SF$_6$）断路器和真空断路器。

① 六氟化硫（SF$_6$）断路器。

采用具有优良灭弧能力的惰性气体 SF$_6$ 作为灭弧介质的六氟化硫（SF$_6$）断路器，具有开断能力强、全开断时间短，断口开距小，体积小、重量较轻，维护工作量小，噪音低，寿命长等优点；但结构较复杂，金属消耗量大，制造工艺、材料和密封要求高，价格较贵。目前国内生产的 SF$_6$ 断路器有 12～550 kV 电压等级产品。SF$_6$ 断路器与以 SF$_6$ 为绝缘的有关电器组成的密封组合电器（GIS），在城市高压配电装置中应用日益广泛，是高压和超高压系统的发展方向。

② 真空断路器。

利用真空（气体压力为 133.3×10^{-4} Pa 以下）的高绝缘性能来实现灭弧的断路器，具有开断能力强、灭弧迅速、触头密封在高真空的灭弧室内而不易氧化、运行维护简单、灭弧室不需检修、结构简单、体积小、重量轻、噪音低、寿命长、无火灾和爆炸危险等优点；但其对制造工艺、材料和密封要求高，且开断电流和断口电压不能做得很高。目前国内只生产 40.5 kV 及以下电压等级产品。

③ 油断路器。

以绝缘油作为灭弧介质的断路器。分为多油断路器与少油断路器两种。这种最早出现、历史悠久的断路器，现基本已淘汰，因此不多做介绍。

④ 空气断路器。

以高速流动的压缩空气作为灭弧介质兼作操作机构源的断路器，称为压缩空气断路器。此类型断路器具有灭弧能力强、动作迅速的优点，但由于其结构复杂、工艺要求高、有色金属消耗量大而应用不多，因此也不多做介绍。

⑤ 磁吹断路器。

利用断路器本身流过的大电流所产生的电磁力将电弧迅速拉长而吸入磁性灭弧室内冷却熄灭的断路器。

高压断路器型号表示和含义如图 4-13 所示，图形符号和文字符号如图 4-14（a）和（b）所示。

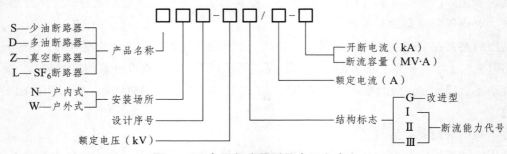

图 4-13　高压断路器型号表示和含义

（a）垂直画法   （b）水平画法

图 4-14　高压断路器图形符号和文字符号型号

（3）高压断路器的基本结构。

虽然高压断路器有多种类型，具体结构也不相同，但基本结构类似，主要包括通断元件、绝缘支撑元件、中间传动机构、操动机构、基座等部分。电路通断元件安装在绝缘支撑元件上，而绝缘支撑元件则安装在基座上，如图 4-15 所示。

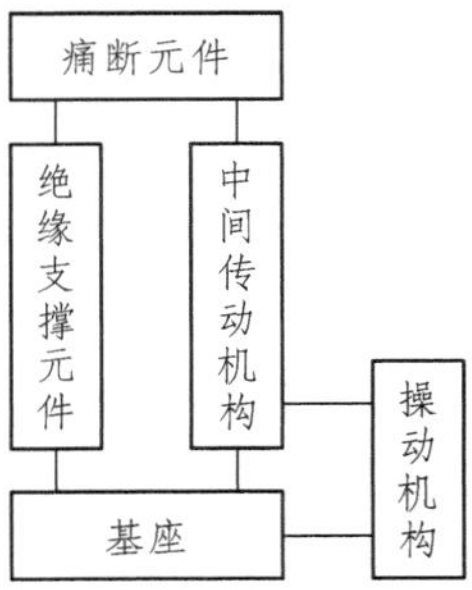

电路通断元件是断路器的关键部件，承担着接通和断开电路的任务，它由接线端子、导电杆、触头（动、静触头）及灭弧室等组成。绝缘支撑件起着固定通断元件的作用，当操动机构接到合闸或分闸命令时，操作机构动作，经中间传动机构驱动动触头，实现断路器的合闸或分闸。

图 4-15　高压断路器的基本组成

（4）高压断路器的技术参数。

高压断路器通常用下列技术参数表示其技术性能。

① 额定电压 $U_{\rm N}$。

额定电压是指高压电器设计时所采用的标称电压，$U_{\rm N}$ 是表征断路器绝缘强度的参数。所谓标称电压是指国家标准中列入的电压等级，对于三相电器是指相间电压，即线电压。我国高压开关设备和控制设备采用的额定电压有 3.6、7.2、12、40.5、126、252、363、550 kV 等。

考虑到输电线路的首、末端运行电压不同及电力系统的调压要求，对高压电器又规定了与其额定电压相应的最高工作电压 $U_{\max}$。一般，当 $U_{\rm N} \leqslant 252$ kV 时，$U_{\max} = 1.5 U_{\rm N}$；当 $U_{\rm N} = 363 \sim 550$ kV 时，$U_{\max} = 1.1 U_{\rm N}$。

为保证高压电器有足够的绝缘距离，通常其额定电压愈高，其外形尺寸愈大。

② 额定电流 $I_{\rm N}$。

额定电流是指高压电器在额定的环境温度下，能长期流过且其载流部分和绝缘部分的温度不超过其长期最高允许温度的最大标称电流，用 $I_{\rm N}$ 表示。对于高压断路器，我国采用的额定电流有 200、400、630、1 000、1 250、1 600、2 000、2 500、3 150、4 000、5 000、6 300、8 000、10 000、12 500、16 000、20 000 A。

高压断路器的额定电流决定了其导体、触头等载流部分的尺寸和结构，额定电流愈大，载流部分的尺寸愈大，否则不能满足最高允许温度的要求。

③ 额定开断电流 $I_{\rm Nbr}$。

高压断路器进行开断操作时首先起弧的某相电流，称为开断电流。在额定电压 $U_{\rm N}$ 下，断路器能可靠的开断的最大短路电流，称为额定开断电流，用 $I_{\rm Nbr}$ 表示。额定开断电流是表征断路器开断能力的参数。我国规定的高压断路器的额定开断电流为 1.6、3.15、6.3、8、10、12.5、

16、20、25、31.5、40、50、63、80、100 kA 等。

④ 热稳定电流（额定短时耐受电流）I_t。

热稳定电流是在保证断路器不损坏的条件下，在规定的时间 t 秒（产品目录一般给定 2、4、5、10 s 等）内允许通过断路器的最大短路电流有效值。它反映断路器承受短路电流热效应的能力，也称为额定短时耐受电流。当断路器持续通过 t 秒时间的 I_t 电流，不会发生触头熔接或其他妨碍其正常工作的异常现象。国家标准规定：断路器的额定热稳定电流等于额定开断电流。热稳定电流的持续时间为 2 s，需要大于 2 s 时推荐 3 s，经用户和制造商协商，也可选用 1 s 或 4 s。

⑤ 动稳定极限电流（额定峰值耐受电流）i_{es}。

动稳定极限电流 i_{es} 是断路器在闭合状态下，允许通过的最大短路电流峰值，又称极限通过电流或额定峰值耐受电流。它表明断路器承受短路电流电动力效应的能力。当断路器通过这一电流时，不会因电动力作用而发生任何机械上的损坏。动稳定极限电流取决于导体和机械部分的机械强度，与触头的结构形式有关。i_{es} 的数值约为额定开断电流 I_{Nbr} 的 2.5 倍。

⑥ 额定关合电流 I_{Nc1}。

如果在断路器合闸之前，线路或设备上已存在短路故障，则在断路器合闸过程中，在触头即将接触时即有巨大的短路电流通过，要求断路器能承受而不会引起触头熔接和遭受电动力的损坏；而且在关合后，由于继电保护动作，不可避免的又要自动跳闸，此时仍要求能切断短路电流。额定关合电流 I_{Nc1} 用以表征断路器关合短路故障的能力。

额定关合电流 I_{Nc1} 是在额定电压下，断路器能可靠闭合的最大短路电流峰值。它主要决定于断路器灭弧装置的性能、触头构造及操动机构的型式。在断路器产品的目录中，部分产品未给出的均为 $I_{Nc1} = I_{es}$。

⑦ 合闸时间与分闸时间。

合闸时间与分闸时间是表明断路器开断过程快慢的参数，表征了断路器的操作性能。合闸时间是指断路器从接收到合闸命令到所有触头都接触瞬间的时间间隔。电力系统对断路器合闸时间一般要求不高，但要求合闸稳定性好。分闸时间包括固有分闸时间和燃弧时间。固有分闸时间是指断路器从接到分闸命令起到触头分离的时间间隔；燃弧时间是指从触头分离到各相电弧熄灭的时间间隔。为提高电力系统的稳定性，要求断路器有较高的分闸速度，即全分闸时间愈短愈好。

⑧ 额定开断容量 S_{Nbr}。

额定开断容量 S_{Nbr} 是指断路器额定电压和额定开断电流的乘积，即 $S_{Nbr} = \sqrt{3} U_N I_{Nbr}$。如果断路器的实际运行电压 U 低于额定电压 U_N，而额定开断电流不变，此时的开断容量应修正为

$$S_{br} = S_{Nbr} \frac{U}{U_N}$$。

2）六氟化硫（SF_6）断路器

SF_6 气体作为断路器的灭弧介质始用于 1995 年，在 20 世纪 70 年代获得迅猛发展。我国于 1967 年开始研制 SF_6 气体断路器，1979 年开始引进 550 kV 及以下 SF_6 断路器及 SF_6 全封闭组合电器（GIS）技术。目前 SF_6 断路器已成为我国高压断路器的首要品种。

（1）SF$_6$气体的性能。

① 物理、化学性质。

SF$_6$是目前高压电器中使用的最优良的灭弧和绝缘介质。纯净的 SF$_6$气体为无色、无味、无毒、不可燃且不助燃的惰性气体，其密度在常温常压下约为空气的 5 倍。常温下，当压力不超过 2 Mpa 时为气态，它总的热传导能力远比空气好。其氟原子有很强的吸附外界电子的能力，SF$_6$分子在捕捉电子后成为活动性不强的负离子，对去游离有利。另外，SF$_6$分子直径很大（0.456 nm），使得电子的自由行程减少，从而减少碰撞游离的发生。由于 SF$_6$在断路器开断过程中损耗甚微，故可以在封闭系统中反复使用。

SF$_6$的化学性质非常稳定。在干燥的情况下，温度低于 110 °C 时，与铜、铝、钢等材料都不发生作用；温度高于 150 °C，与钢、硅钢开始缓慢作用；温度高于 200 °C 时，将与铜铝发生轻微作用；当温度超出 500 ~ 600 °C 时，不与银发生作用。

纯净的 SF$_6$的热稳定性很好。当在有金属存在的情况时，热稳定性则大为降低。当温度为 150 ~ 200 °C 时，它开始分解，分解物有强烈的腐蚀性和毒性，且其分解随温度升高而加剧。纯净的 SF$_6$气体一般公认是无毒的，当温度到达 1 227 °C 时，分解物基本为 SF$_4$（有剧毒）；在 1 227 ~ 1 727 °C 时，分解物主要为 SF$_4$及 SF$_3$；超过 1 727 °C，分解为 SF$_2$和 SF。因此 SF$_6$作为绝缘介质不能泄漏，并且在 SF$_6$断路器中，一般均装有吸附装置，吸附剂为活性氧化铝、活性碳和分子筛等。吸附装置可完全吸附 SF$_6$气体在电弧的高温下分解生成的毒质。

在电弧或电晕放电过程中，SF$_6$被分解，由于金属蒸汽参与反应，生成金属氟化物和硫的低氟化物。当气体含有水分时，还可能生成 HF（氟化氢）或 SO$_2$，它们对绝缘材料、金属材料都有很强的腐蚀性。因此 SF$_6$作为绝缘介质不能含有水分。

SF$_6$气体是目前发现的六种温室气体之一。在高压电器制造行业使用着大量的 SF$_6$气体，由于使用、管理不当或没有按正确的方法对其进行回收、再生处理，导致 SF$_6$气体及在高温电弧作用下产生的有毒分解物排放到大气中，给人类赖以生存的环境带来污染和破坏，同时给电器设备的正常运行和人们身体健康带来不利影响。

② 绝缘和灭弧性能。

基于 SF$_6$的物理化学性质，SF$_6$具有极为良好的绝缘性能和灭弧能力。

SF$_6$气体的绝缘性能稳定，不会老化变质。当气压增大时，其绝缘能力也随之提高。SF$_6$在电弧作用下分解成低氟化合物，由于需要的分解能比空气高得多，因此 SF$_6$分子在分解时能吸收较多的能量，对弧柱的冷却作用强。当电弧电流过零时，低氟化物则急速再结合成 SF$_6$，故弧隙介质强度恢复过程极快。SF$_6$的灭弧能力相当于同等条件下空气的 100 倍。

（2）SF$_6$断路器灭弧室工作原理。

灭弧室是根据活塞压气原理工作的，又称压气式灭弧室。平时灭弧室只有一种低压（一般为 0.3 ~ 0.5 Mpa）的 SF$_6$气体，作为断路器的内部绝缘。开断过程中，靠断路器压气活塞和气缸相对运动压缩 SF$_6$气体形成的气流来熄灭电弧。它的 SF$_6$气体同样是在封闭系统循环使用，不能排向大气。这种灭弧装置结构简单、易于制造、可靠性高、便于维护，应用比较广泛。我国研制的 SF$_6$断路器均采用单压式灭弧室。如图 4-16 所示为单压式 SF$_6$断路器灭弧室的结构。

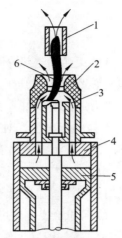

图 4-16 SF₆断路器的灭弧室结构

1—静触头；2—绝缘喷嘴；3—动触头；4—绝缘筒；5—压气活塞；6—电弧

（3）SF$_6$断路器的特点。

① 断流能力强、灭弧速度快、电绝缘性能好、材料不会被氧化和腐蚀，无火灾和爆炸危险，使用安全可靠；

② 设备体积小，质量轻，安装布局紧凑；

③ 为防止漏气和潮气进入，对加工工艺和材料的要求较高，价格较昂贵。

3）真空断路器

利用真空作为触头间的绝缘与灭弧介质的断路器称为真空断路器。

气体稀薄的程度用"真空度"来表示，真空度就是气体的绝对压力与大气压的差值。气体的绝对压力值愈低，真空度愈高。在世界范围内，无油化开关主要为真空产品和SF$_6$产品。目前，国际上真空断路器的设计、制造单位主要是德国西门子和ABB两大公司。西门子公司的代表产品有3AF、3AG及3AH等；ABB公司的代表产品有VD4。

（1）真空灭弧的特性。

真空断路器是以在真空中熄灭电弧为特征，但不是在任何真空度下都可以，而只有在某一真空度范围内才具有良好的灭弧和绝缘性能，并且气体间隙的击穿电压与气体压力还有关系。如某一不锈钢电极，若间隙长度为 1 mm，在气体压力低于 133.3×10^{-4} Pa 时，真空间隙击穿电压没有什么变化；当压力为 $133.3 \times 10^{-4} \sim 133.3 \times 10^{-3}$ Pa 时，真空间隙击穿电压有下降倾向；而压力超出 133.3×10^{-4} Pa 的一定范围内，击穿电压迅速降低；在压力为几百帕时，击穿电压达最低值。

真空断路器灭弧室内的气体压力不能高于 133.3×10^{-7}Pa 这一数值，一般在出厂时其气体压力都低于此值。这种气体稀薄的空间，其绝缘强度很高，电弧容易熄灭。在均匀电场作用下，真空的绝缘强度比变压器油、0.1 MPa 下的 SF$_6$ 及空气的绝缘强度都高得多。

当气体压力低于 133.3×10^{-4} Pa 时，由于真空间隙的气体稀薄，分子的自由行程大，发生碰撞的几率小，碰撞游离已不再是真空间隙击穿产生电弧的主要因素。此时，真空中电弧中的带电粒子主要是触头电极蒸发出来的金属粒子，因而影响真空间隙击穿的主要因素除真空度

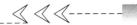

外，还与电极材料、电极表面状况、真空间隙长度有关。

采用机械强度高、熔点高的材料作电极，击穿电压一般较高，目前使用最多的电极材料是以良导电金属为主体的合金材料。当电极表面存在氧化物、杂质、金属微粒和毛刷时，击穿电压便可能大大降低。当间隙较小时，击穿电压几乎与间隙长度成正比；当间隙长度超过 10 mm 时，击穿电压上升陡度减缓。

（2）真空灭弧室的结构。

真空断路器灭弧室的结构如图 4-17 所示。其绝缘外壳由玻璃、陶瓷或微晶玻璃做成并承担两金属端盖间的绝缘，静触头 1、动触头 2 等都封闭在抽为真空的外壳 6 内。静触头 1 固定在圆桶的一端，动触头借助于波纹管 4 密封在圆筒的另一端。金属屏蔽罩 3 是由密封在圆筒内的金属法兰支持的，它的作用是为了吸收电子、离子和金属蒸汽，防止金属蒸汽与玻璃圆筒或金属圆筒接触而降低圆筒的绝缘性。此外，屏蔽罩还起到用均压的作用。

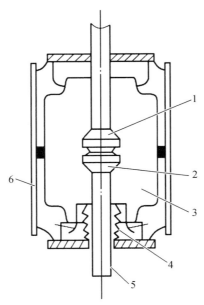

图 4-17　真空断路器的灭弧室结构

1—静触头；2—动触头；3—屏蔽罩；4—波纹管；5—导电杆；6—外壳。

由于大气压的作用，灭弧室在无机械外力作用时，其动静触头始终保持闭合位置，当外力使动导电杆向外运动时，触头才分离。

（3）真空断路器的特点。

① 真空灭弧室电气寿命长，适于频繁操作。当用于开断较大电流的供配电系统时，其机械寿命达 5 000～20 000 次。对于电器机车在一日内投切数十次的冶金企业，频繁操作次数可达 10 000～50 000 次。

② 真空灭弧室不存在检修的问题，灭弧室损坏，更换即可。但更换过程中要严格按照规定的尺寸要求仔细调整，否则，将严重影响其开断性能。

③ 触头开距短、动作快。由于触头开距短，因此真空断路器体积小、质量轻、操作噪声小。

④ 息弧时间短，动作快，一般断开时间小于 0.1 s。真空断路器熄弧能力强，在电流过零前截断电流，会引起截流过电压，可通过加装电压吸收装置或采用低过电压触头材料来限制过电压。

⑤ 真空灭弧室没有火灾或爆炸的危险，且寿命长，但其价格较贵，主要用于频繁操作的场所。

目前，国内生产的真空断路器大致可分为以下三类：引进技术并国产化的产品，如 ZN12-12、ZN18-12、ZN21-12、ZN67-12 分别是引进西门子 3 AF、日本东芝公司 VK、比利时 EIB 公司产品和日本三菱电机 VPR 型真空断路器技术；在借鉴国外同类产品的基础上开发的产品，如 ZN63-12 和 ZN65-12 分别效仿 ABB 的 VD4 和西门子的 3 AH；自行设计的真空断路器有 ZN28-12、ZN15-12、ZN28-12、ZN30-12 等。

真空断路器的固定方式，原则上可以以垂直、水平或以任意角度安装。按真空灭弧室的布置方式，真空断路器的总体结构分为"悬臂式"和"落地式"两种。

4）断路器的操动机构

断路器的操动机构是断路器分闸、合闸并将断路器保持在合闸位置的装置。机械操动系统由操动机构和传动机构两部分组成。其中操动机构在断路器本体以外，是与操动电源有直接联系的机械操动装置，主要作用是把其他形式的能量转换为机械能，为断路器提供操作动力。传动机构是连接操动机构和断路器触头的部分，用以改变操作力的大小和方向，并带动动触头运动来实现断路器的合闸和分闸。

断路器合闸时，操作机构必须克服断路器开断弹簧的阻力和可动部分的重量及摩擦阻力等，所以合闸操作需要做的功很大；断路器跳闸时，只要将维持机构的脱扣器释放打开，在跳闸弹簧的作用下就可迅速跳闸，所以跳闸操作所需做的功很小。

操动机构的工作性能和质量的优劣，直接影响断路器的工作性能和可靠性。因此要求操动机构结构简单，具有足够的合闸功率，具有合、分闸缓冲和保持合闸的部件；当其能源（电源电压、气压或液压）在允许范围内变化时应能迅速可靠动作。

操动机构一般为独立产品，一种型号的操动机构可以与几种型号的断路器相配装；同样，一种型号的断路器也可以与几种不同型号的操动机构相配装。也有操动机构与断路器组成一体的，如压缩空气断路器，另外还有只配装专用操动机构的断路器。

操动机构根据断路器合闸时所用能源不同，可分为手动式、电磁式、弹簧式、气压式及液压式等几种。其型号含义如图 4-18 所示。

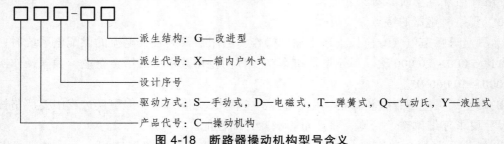

派生结构：G—改进型
派生代号：X—箱内户外式
设计序号
驱动方式：S—手动式，D—电磁式，T—弹簧式，Q—气动氏，Y—液压
产品代号：C—操动机构

图 4-18 断路器操动机构型号含义

每一种操动机构的型式都有多种，同种类的各型操动机构的基本结构和动作原理类似。

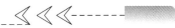

（1）手动操动机构。

利用人力合闸的操动机构，称为手动操动机构。手动操动机构使用手力合闸，弹簧分闸，具有自动脱扣结构。它主要用来操作电压等级较低、开断电流较小的断路器，如 10 kV 及以下配电装置的断路器。手动操作机构的结构简单、不需配备复杂的辅助设备及操作电源；但是不能自动重合闸，只能就地操作，不够安全。

（2）电磁式操动机构。

利用电磁力合闸的操动机构，称为电磁操动机构。当电磁铁在驱动断路器合闸的同时，也使分闸弹簧拉伸储能。电磁操动机构的结构简单、工作可靠、维护简便、制造成本低；但是在合闸时电流很大（可达几十安至几百安），因此需要有足够容量的直流电源，且合闸时间较长。电磁操动机构普遍用来操作 3.6 ~ 40.5 kV 断路器。

电磁操动机构现有 CD、CD2、CD3、CD10、CD11、CD14、CD17 等产品，分别配用于不同的断路器，合闸电磁线圈的额定电压为 110 V 或 220 V。由于断路器合闸时要克服分闸弹簧做功，因此电磁操动机构要有大功率的电源。由于断路器分闸时的能量已由弹簧储存，因此分闸脱扣线圈要求的功率很小。

（3）弹簧操动机构。

利用已储能的弹簧为动力使断路器动作的操动机构，称为弹簧操动机构。使弹簧储能的动力可以是电动机，也可使用人力为弹簧储能。在断路器合闸的同时也使弹簧储能，使断路器也能在脱扣器作用下分闸。

弹簧操动机构有 CT2、CT7、CT8、CT9、CT10、CT11、CT12、CT17 等产品，其中 T 代表弹簧。

4.3.2　低压一次设备

低压电器通常指工作在交流额定电压 1 200 V、直流额定电压 1 500 V 及以下电路中的电器设备。低压电器广泛用于发电、输电、配电场所及电气传动和自动控制设备中。在电路中起通断、保护、控制或调节作用。

低压开关是低压电器的一部分，通常用来接通和分断 1000 V 以下的交、直流电路。低压开关多采用在空气中借拉长电弧或利用灭弧栅将电弧截为短弧的原理灭弧。下面介绍几种常用的低压开关。

1. 刀开关

1）低压刀开关

刀开关是最简单的一种低压开关电器，其额定电流在 1 500 A 以下，主要应用于不频繁手动接通的电路，也用来分断低压电路的正常工作电流或用作隔离开关。

刀开关的分类方法很多，按转换方向可分为单掷和双掷；按极数可分为单极、二极和三极三种；按操作方式可分为直接手柄操作和连杆操作两种；按有无灭弧结构可分为不带灭弧罩和带灭弧罩两种。一般不带灭弧罩的刀开关只能在无负荷下操作，可作低压隔离开关使用；带灭弧罩的刀开关能通断一定的负荷电流。刀开关也可以按外壳防护等级、安装类别和抗污染等级分类。

低压刀开关型号的表示含义如图 4-19 所示，图形及文字符号如图 4-20 所示。

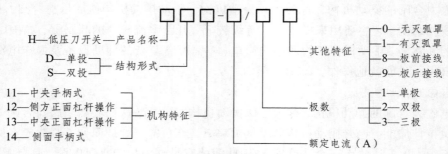

图 4-19　低压刀开关型号含义

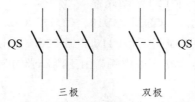

图 4-20　低压刀开关图形及文字符号

　　HD13 系列刀开关的结构如图 4-21 所示，其每极的静触头 7 是两个矩形截面的接触支座，其两侧装有弹簧卡子，用来安装灭弧罩；动触头为 3 片刀刃形接触条，额定电流为 100～400 A 采用单刀片，额定电流为 600～1 500 A，采用双刀片；灭弧罩 2 由绝缘纸板和钢板栅片拼铆而成；底座 4 采用玻璃纤维模压板或胶木板；操作采用中央正面杠杆式。在开断电路时，刀片与静触头间产生的电弧，在电磁力作用下被拉入灭弧罩内，被切断成若干短弧而迅速熄灭，所以可用来切断较大的负荷电流。

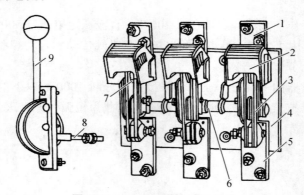

图 4-21　HD13 型低压刀开关

1—上接线端子；2—钢栅片灭弧罩；3—闸刀；4—底座；5—下接线端子；
6—主轴；7—静触头；8—连杆；9—操作手柄

　　不带灭弧罩的刀开关，靠增大触头的开距和使用电磁力拉长电弧来灭弧，一般只用来隔离电源，不能用来切断较大的负荷电流。

　　非熔断器式刀开关必须与熔断器配合使用，以便在电路发生短路故障或过负荷时由熔断器切断电路。

2）熔断器式刀开关

熔断器式刀开关又称刀熔开关，是一种由低压刀开关与低压熔断器组合的开关电器，同时具有刀开关和熔断器的双重功能，可用来代替刀开关和熔断器的组合。最常见的 HR3 系列熔断器式刀开关，就是将 HD 型刀开关的闸刀换以具有刀形触头的 RT0 型熔断器的熔管，其结构如图 4-22 所示。

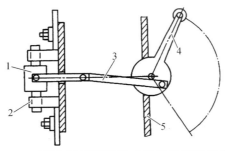

图 4-22　HR3 系列熔断器式刀开关结构示意图
1—熔体；2—弹性触座；3—连杆；4—操作受柄；5—配点屏面板

刀熔开关具有刀开关和熔断器双重功能。因此采用这种组合型开关电器可以简化配电装置，又经济实用，因此刀熔开关越来越广泛地在低压配电屏上安装使用。

低压刀熔开关全型号的含义如图 4-23 所示。

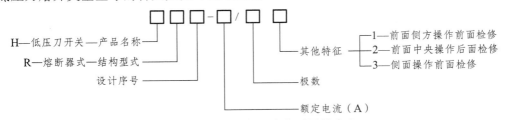

图 4-23　低压刀熔开关全型号的含义

3）低压负荷开关

低压负荷开关是由低压刀开关与低压熔断器串联组合而成，具有带灭弧罩的刀开关和熔断器的双重功能，既可以带负荷操作，又能进行短路保护，但短路熔断后，需要更换熔体才能恢复使用。

常用的低压负荷开关有 HH 和 HK 两种系列，HH 系列为封闭式负荷开关，将刀开关与熔断器串联，安装在铁壳内构成，俗称铁壳开关；HK 系列为开启式负荷开关，外装瓷质胶盖，俗称胶壳开关。

低压负荷开关型号的含义如图 4-24 所示。低压负荷开关的图形及文字符号与高压负荷开关相同。

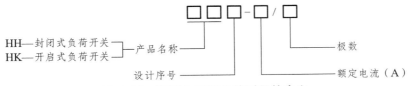

图 4-24　低压负荷开关的型号的含义

2. 低压断路器

低压断路器又称自动空气开关（简称自动开关），是低压开关中性能最完善的开关，它不仅可以接通和切断正常负荷电流，而且可以保护电路，即当电路有短路、过负荷或电压严重降低时，能自动切断电路，因此常用作低压大功率电路的主控电器。低压断路器主要作为短路保护电器，不适于进行频繁操作。

断路器的种类繁多，按其结构型式可分为框架式、塑料外壳式两大类。框架式断路器主要用做配电网络的保护开关；塑料外壳式断路器除用做配电网络的保护开关外还可用作电动机、照明电路及电热电路的控制开关。另外按电源种类可分为交流和直流；按结构型式分为有装置式和万能式；按其灭弧介质分为有空气断路器和真空断路器；按操作方式分为手动操作、电磁铁操作和电动机储能操作；按保护性能分为非选择型断路器、选择型断路器和智能型断路器等。

1）低压断路器的工作原理

如图 4-25 所示为低压断路器的工作原理示意图。U、V、W 为三相电源，断路器的主触头 1 接在电动机主回路，靠锁键 2 和锁扣 3（代表自由脱扣机构）维持在合闸状态。锁键 2 由锁扣 3 扣住，锁扣 3 可以绕轴转动。过流脱扣器 6 的线圈和热脱扣器 7（双金属片）的加热电阻 8 串联在主电路中，前者为过流保护，后者为过负荷保护；失压脱扣器 5 和分励脱扣器 4 的线圈则并联在主电路的相同位置（主触头的电源侧），前者用于失压保护，后者则提供远距离分断低压断路器。如果锁扣 3 被顶而与锁键 2 分离开，则动触头将随锁键 2 被弹簧拉开，主电路由此被断开。

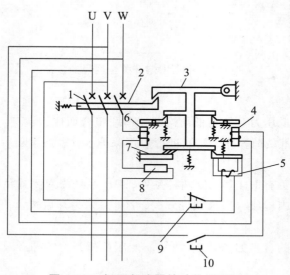

图 4-25　低压断路器的动作原理图

1—主触头；2—锁键；3—锁扣；4—分励脱扣器；5—失压脱扣器；6—过流脱扣器；
7—热脱扣器；8—加热电阻；9、10—脱扣按钮

自动开关的合闸操动机构有手动操动机构和电动操动机构两种。手动操动机构有手柄直接传动和手动杠杆传动两种；电动操动机构有电磁合闸机构和电动机合闸机构两种。

2）低压断路器的结构

低压断路器的结构比较复杂，由触头系统、灭弧装置、脱扣器和操动机构等组成。操动机构中又有脱扣机构、复位机构和锁扣机构。

（1）触头系统。

低压断路器分为主触头和灭弧触头。电流大的断路器还有副触头（辅助触头），这三种触头都并联在电路中。正常工作时，主触头用于通过工作电流；灭弧触头用于开断电路时熄灭电弧，以保护主触头；辅助触头与主触头同时动作。

（2）灭弧装置。

万能式断路器的灭弧装置多数为栅片式，为提高耐弧能力，采用由三聚氰胺耐弧塑料压制的灭弧罩，在两壁装有防止相间飞弧绝缘隔板。

塑料外壳式断路器的灭弧装置与万能式基本相同，由于钢板纸耐高温且在电弧作用下能产生气体吹弧，故灭弧室壁大多采用钢板纸做成，还通过在顶端的多孔绝缘封板或钢丝网来吸收电弧能量，以缩小飞弧距离。

（3）低压断路器的脱扣器。

低压断路器的脱扣器有如图 4-25 所示的电磁式电流脱扣器和失压脱扣器、分励脱扣器和热脱扣器，此外，还有半导体脱扣器等。

在图 4-25 中，6 为过流脱扣器。当主电路短路时，流过过流脱扣器 6 的线圈的电流超过整定值，衔铁一端的电磁铁吸力大于另一端的弹簧拉力，在电磁力作用下，衔铁转动并冲撞锁扣 3，使之得到释放，锁键 2 左端的弹簧拉动锁键 2，开关断开。当主电路发生过负荷时，经一定延时后，热脱扣器动作，使自动开关断开。过流脱扣器 6 的动作电流可通过调节衔铁弹簧的张力来调节。

当电源电压消失或降低到约为 60%的额定电压时，失压脱扣器 5 的电磁铁对衔铁的吸力小于弹簧拉力，衔铁转动并冲撞锁扣 3，使断路器断开；当需要远距离操作断开自动开关时，可按下按钮 9，使分励脱扣器线圈通电，则类似过流脱扣器动作过程，使断路器断开。失压脱扣器回路也可以通过按钮实现远距离操作。

热脱扣器起到过负荷保护作用。在图 4-25 中，双金属片 7 就是热脱扣器。当过负荷电流流过加热电阻 8 时，会严重发热，使双金属片 7 发生弯曲变形，当弯曲到一定程度时，冲撞锁扣 3，使断路器断开。

按下按钮 10，分励脱扣器 4 可实现断路器的远距离控制分闸。

需要说明的是，不是任何自动开关都装设有以上各种脱扣器。用户在使用自动开关时，应根据电路和控制的需要，在订货时向制造厂商提出所选用的脱扣器种类。

3）低压断路器的主要技术参数

低压断路器的主要技术参数有额定电流、额定工作电压、使用类别、安装类别、额定频率（或直流）、额定短路分断能力、额定极限短路分断能力、额定短时耐受电流和相应的延时、外壳防护等级、额定短路接通能力、额定绝缘电压、过电流脱扣器的整定值以及合闸装置的额定电压和频率、分励脱扣器和欠电压脱扣器的额定电压和额定频率等。

低压断路器的额定电流有两个值，一个是它的额定持续工作电流，也就是主触头的额定电

流；另一个是断路器中所能装设的最大过电流脱扣器的额定电流，该电流在型号中表示出来。

由于低压断路器是低压电路中主要的短路保护电器，因此它的短路分断能力和短路接通能力是衡量其性能的重要参数。

低压断路器的型号含义如图 4-26 所示。图形及文字符号与高压断路器相同。

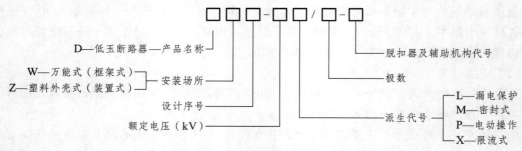

图 4-26　低压断路器的型号含义

常用的低压断路器有 DW15 型框架式和 DZ10 型塑壳式。此外 ME、DW914（AH）、AE-S、3 WE 等系列框架式自动开关，分别为引进德国 AEC 公司技术、日本寺崎电气公司技术、日本三菱电机公司零件、德国西门子公司技术的产品；S060、C45N、TH、TO、TS、TG、TL、3 VE、H 等系列塑壳式自动开关，分别为引进德国技术、法国梅兰日兰公司技术、日本寺崎电气公司技术（TH、TO、TS、TG、TL）、德国西门子公司技术、美国西屋电气技术的产品。

随着电子技术的发展，低压断路器正在向智能化方向发展，例如用电子脱扣器取代原机电式保护器件，使开关本身具有测量、显示、保护、通信的功能。

4.3.3　高压电气设备

高压配电装置包括保护电器和开关电器。

保护电器指各种高压熔断器，开关电器指各种高压断路器、高压负荷开关和高压隔离开关。

1. 高压熔断器

（1）RN 型户内高压管式熔断器通常与负荷开关构成一体，或组合在一起使用，具有较大断流能力。

（2）户外型跌落式熔断器的型号标志为 RW，这种跌落式熔断器在正常运行时，是串联在线路上的。

（3）安装跌落式熔断器时，熔管上端向外倾斜 20° ~ 30°，以便熔断时能向下翻落。

（4）安装跌落式熔断器时，熔丝额定电流不得大于熔管的额定电流。

（5）跌落式熔断器正确的操作顺序是拉闸时先拉开中间相，再拉开下风侧边相，最后拉开上风侧边相；合闸时顺序相反。

2. 高压隔离开关

（1）高压隔离开关是作为检修电气线路或设备时用来隔离高压电源，以形成明显的断开点。

（2）高压隔离开关没有专门的灭弧装置，所以不能带负荷操作。

（3）高压隔离开关通常应用在负荷开关或断路器的前级。

3．高压负荷开关

（1）高压负荷开关具有灭弧装置，能够带负荷操作。
（2）高压负荷开关专门用在高压装置中通断负荷电流。
（3）高压负荷开关主要应用于容量较小的变配电所。

4．高压断路器

（1）高压断路器又叫做高压开关，用在高压装置中通断负荷电流，并能在故障时切断过载电流和短路电流。
（2）高压断路器本身具有相当完善的灭弧结构和足够的断流能力。
（3）高压断路器适合于容量较大或运行安全要求较高的变配电站。
（4）真空断路器适合于频繁操作及故障较多的场合。
（5）真空断路器运行前应先进行外观检查，机械转动摩擦部位应涂润滑油，抹少油量在断路器中，油只用来灭弧，不用来绝缘。

5．高压开关柜

（1）高压开关柜是一种高压成套配电装置。
（2）高压开关柜分为断路器柜、隔离开关柜、互感器柜和电容器柜等多种类型。
（3）高压开关柜的结构有固定式和手车式两种类型。

4.3.4　低压配电设备

低压电器分为两大类：控制电器和保护电器。保护电器主要用来接通和断开线路。控制电器主要用来获取、转换和传递信号，并通过其他电器对电路实现控制。

1．保护类型

（1）短路保护。指线路或设备发生短路时，能迅速切断电源的保护，常用熔断器、电磁式过电流继电器或脱扣器。
（2）过载保护。指线路或设备的负载超过允许范围时，能延时切断电源的保护，常用热继电器或热脱扣器。
（3）失压（欠压）保护。指当电源电压消失或过低时能自动切断电源的保护，常用失压（欠压）脱扣器。
失压保护的作用：防止电路恢复来电时设备突然启动而造成事故。
欠压保护的作用：防止电源电压过低时设备勉强运行而损坏。

2．熔断器

（1）熔断器一般起短路保护作用，也可用作照明电路的过载保护装置。
（2）熔断器应串联在被保护电路中。

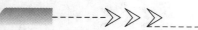

（3）管式熔断器多用于较大容量的线路，螺塞式熔断器多用于中、小容量的线路。

（4）不准用铜丝或铁丝代替熔丝。

（5）对于没有冲击负荷的线路，熔体额定电流不应大于线路导线许用电流的（0.85～1）倍。

3. 热继电器

（1）热继电器是常用的过载保护装置。

（2）热继电器是利用电流的热效应做成的。

（3）热继电器在使用时要将热元件串联在主电路中，常闭触点串联在控制电路中。

（4）热继电器的整定电流应等于所控制负载的额定电流。

4. 电磁式过电流继电器

（1）电磁式过电流继电器是依靠电磁力的作用进行工作的。

（2）电磁式过电流继电器具有瞬时动作的特点，宜用作短路保护。

5. 开关电器

（1）开关电器的主要作用是接通和断开线路。

（2）常见的开关电器有闸刀开关、低压断路器、交流接触器等。

6. 刀开关

（1）刀开关包括胶盖刀开关、铁壳开关、转换开关（组合开关）等。

（2）胶盖刀开关适用于照明及小容量电动机控制电路中，并起短路保护作用（胶盖刀开关只能用来控制 5.5 kW 以下的三相电动机）。

（3）转换开关（组合开关）主要用来控制小容量电动机的正反转（转换开关可用来控制 7.5 kW 以下的电动机）。

（4）转换开关的前面最好加装刀开关和熔断器。

（5）刀开关没有或只有极为简单的灭弧装置，无法切断短路电流。

7. 低压断路器

（1）低压断路器又叫自动空气开关或自动空气断路器。

（2）低压断路器可用于不频繁地接通和断开电路以及控制电动机的运行。

（3）常用的低压断路器有塑壳式（装置式）、框架式（万能式）、漏电保护式等多种。

（4）低压断路器具有多种保护功能，当电路发生短路、过载和失压故障时，能自动切断电源，起到保护线路和设备的作用（断路器中设有电磁式过电流脱扣器、热脱扣器、失压脱扣器等）。

（5）低压断路器的额定电压和额定电流应不小于线路的正常工作电压和计算负载电流。

（6）低压断路器热脱扣器的整定电流应等于所控制负载的额定电流。

（7）低压断路器应垂直于配电板安装。

（8）低压断路器用作电源总开关时，应在电源进线侧加装刀开关熔断器，以形成明显的断开点。

（9）低压断路器故障跳闸后，应检修或更换触头和灭弧罩，只有查明并消除跳闸原因后，才可再次合闸运行。

8. 交流接触器

（1）交流接触器是能够实现远距离自动控制的开关电器。

（2）交流接触器由电磁部分、触头部分和弹簧部分组成。

（3）交流接触器的主触头应接在主电路中，电磁铁线圈应接在控制电路中。

（4）交流接触器中短路环的作用是减小振动和噪声，运行中噪声过大的原因可能是短路环断裂。

（5）交流接触器吸力不足的原因主要是电源电压过低。

9. 低压配电屏

（1）低压配电屏也叫做配电柜，是一种组合式电气设备，适用于低压配电系统中的动力配电和照明配电。

（2）低压配电屏可分为固定式和抽屉式两大类。

（3）低压配电屏投运前，要使用 1 000 V 兆欧表测量绝缘电阻，应不小于 0.5 MΩ。

10. 低压带电作业的要求

（1）低压带电作业中的低压是指设备或线路的对地电压在 250 V 及以下者。

（2）低压带电作业时应一人监护，一人操作。

（3）低压带电作业时严禁使用锉刀、金属尺和带有金属物的毛刷等工具。

（4）在低压带电导线未采取绝缘措施之前，工作人员不得穿越。

（5）低压带电作业断开导线时，应先断开相线，后断开零线；搭接导线时顺序相反。

（6）带电检修时要特别注意防止人体同时接触两根线头。

4.4　电气二次设备概述

电气二次设备是指对一次设备的工作进行监测、控制、调节、保护以及为运行、维护人员提供运行工况或生产指挥信号所需的低压电气设备。如熔断器、按钮、指示灯、控制开关、继电器、控制电缆、仪表、信号设备、自动装置等。

电气二次设备主要包括：

（1）仪表；

（2）控制和信号元件；

（3）继电保护装置；

（4）操作、信号电源回路；

（5）控制电缆及连接导线；

（6）发出音响的信号元件；

（7）接线端子排及熔断器等。

二次回路是指：由二次设备相互连接，构成对一次设备进行监测、控制、调节和保护的电气回路。二次设备是指对一次设备的工作进行监测、控制、调节、保护以及为运行、维护人员提供运行工况或生产指挥信号所需的低压电气设备：熔断器、控制开关、继电器、控制电缆等。

习　题

4-1　断路器的基本结构分为哪几部分？各有什么作用？

4-2　真空断路器、SF_6断路器的灭弧原理各有哪些不同？

4-3　高压断路器的作用是什么？按采用的灭弧介质分为哪几类？

4-4　隔离开关可分为几类？基本结构如何？用隔离开关可以进行哪些操作？

4-5　用隔离开关切断负荷电流时，会产生什么后果？

4-6　熔断器的主要作用是什么？其基本结构怎样？什么是限流式熔断器？

4-7　熔断器主要由哪几部分组成？各部分的作用是什么？充石英砂的熔断器为什么能限制短路电流？

4-8　为什么负荷开关经常与熔断器配合使用？

4-9　供电系统中有哪些常用的过电流保护装置？对保护装置有哪些基本要求？

第 5 章　建筑防雷

5.1　雷电的产生与危害

5.1.1　雷电的形成

雷电是由雷云（带电的云层）对地面建筑物及大地的自然放电引起的。在天气闷热潮湿的时候，地面上的水受热变为蒸汽，并且随地面的受热空气而上升，在空中与冷空气相遇，使上升的水蒸气凝结成小水滴，形成积云。云中水滴受强烈气流吹袭，分裂为一些小水滴和大水滴，较大的水滴带正电荷，小水滴带负电荷。细微的水滴随风聚集形成了带负电的雷云；带正电的较大水滴常常向地面降落而形成雨，或悬浮在空中。由于静电感应，带负电的雷云，在大地表面感应有正电荷，这样雷云与大地间形成了一个大的电容器。当电场强度很大，超过大气的击穿强度时，即发生了雷云与大地间的放电，就是一般所说的雷击。

5.1.2　雷电的危害

雷电就是巨大的电火花。雷电流总是选择距离最近、最易导电的路径向大地泄放，凡是空气中导电微粒较多、地面上高耸物体、地面与地下的电阻率较小的地段容易落雷。一般说来，地面导电性能好，有突出的高大物体等，都易遭受雷击。例如，导电性能好的金属矿物质条件就比一般地质条件更易遭雷击；湿土的遭雷击机会就比干土、沙地和岩石地面要多；水面比旱地易遭雷击；高楼、烟囱这些突出建筑物就比平地易遭雷击；山地也比谷地易遭雷击。直接被雷电击中会受伤害，但有时，即使未被雷电直接击中，由于离雷击点很近也会造成事故。这是因为强大的雷电电流向地里泄放时，由于地电阻的存在，使近雷击点处的电压值要比远离雷击点处的电压值大得多。因此，人若两脚分开站立，一脚离雷击点近，另一脚离雷击点远，就产生一定的电位差，这就是常说的"跨步电压"。一部分雷电电流由于"跨步电压"而流过人体，同样会造成伤害。雷电灾害的严重性表现在它具有巨大的破坏性上，它给人类社会带来极大的危害，如造成人员伤亡、财产损失等。雷电灾害波及面广，人类社会活动、农业、林业、牧业、建筑、电力、通信、航空航天、交通运输、石油化工、金融证券等各行各业，几乎无所不及。

雷电的危害一般分为两类：

（1）雷直接击在建筑物上发生热效应和电动力作用；

（2）雷电二次作用，即雷电流产生静电和电磁感应。

雷电的具体危害表现如下：

（1）雷电流高压效应会产生高达数万伏甚至数十万伏的冲击电压，如此巨大的电压瞬间冲击电气设备，足以击穿绝缘使设备发生短路，导致燃烧、爆炸等直接灾害。

（2）雷电流高热效应会放出几十至上千安的强大电流，并产生大量热能，在雷击点的热量

会很高，可导致金属熔化，引发火灾和爆炸。

（3）雷电流机械效应主要表现为被雷击物体发生爆炸、扭曲、崩溃、撕裂等现象，导致财产损失和人员伤亡。

（4）雷电流静电感应可使被击物导体感生出与雷电性质相反的大量电荷，当雷电消失电荷来不及流散时，即会产生很高电压，发生放电现象从而导致火灾。

（5）雷电流电磁感应在雷击点周围产生强大交变电磁场，感生出的电流可引起变电器局部过热而导致火灾。

（6）雷电波的侵入和防雷装置上的高电压对建筑物的反击作用也会引起配电装置或电气线路断路而燃烧，导致火灾。

5.1.3 雷电分类

根据雷电产生和危害特点的不同，雷电可分为以下四种：

1. 直击雷

直击雷是云层与地面凸出物之间的放电形成的。直击雷可在瞬间击伤击毙人畜。巨大的雷电流流入地下，令雷击点及其连接的金属部分产生极高的对地电压，能直接导致接触电压或跨步电压的触电事故。直击雷产生的数十万至数百万伏的冲击电压会毁坏发电机、电力变压器等电气设备绝缘，烧断电线或劈裂电杆造成大规模停电，绝缘损坏可能引起短路导致火灾或爆炸事故。另外，直击雷的巨大雷电流通过被雷击物，在极短时间内转换成大量的热能，造成易燃物品的燃烧或造成金属熔化、飞溅而引起火灾。

2. 球形雷

球形雷是一种球形的雷。发红光或极亮白光的火球，运动速度大约为 2 m/s。球形雷能从门、窗、烟囱等通道侵入室内，极其危险。

3. 雷电感应

雷电感应分为静电感应和电磁感应两种。静电感应是由于雷云接近地面，在地面凸出物顶部感应出大量异性电荷所致。在雷云与其他部位放电后，凸出物顶部的电荷失去束缚，以雷电波的形式，沿突出物极快地传播。电磁感应是由于雷击后巨大雷电流在周围空间产生迅速变化的强大磁场所致。这种磁场能在附近的金属导体上感应出很高的电压，造成对人体的二次放电，并损坏电气设备。

4. 雷电侵入波

雷电侵入波是由于雷击而在架空线路上或空中金属管道上产生的冲击电压沿线或管道而迅速传播的雷电波。雷电侵入波可毁坏电气设备的绝缘，使高压窜入低压，造成严重的触电事故。属于雷电侵入波造成的雷电事故很多，在低压系统中这类事故约占总雷害事故的 70%。

5.1.4　建筑物的防雷分类

建筑物应根据其重要性、使用性质、发生雷电事故的可能性和后果,按防雷要求分为三类。

遇下列情况之一时,应划为第一类防雷建筑物:

(1)凡制造、使用或贮存炸药、火药、起爆药、火工品等大量爆炸物质的建筑物,因电火花而引起爆炸,会造成巨大破坏和人身伤亡者。

(2)具有 0 区或 10 区爆炸危险环境的建筑物。

(3)具有 1 区爆炸危险环境的建筑物,因电火花而引起爆炸,会造成巨大破坏和人身伤亡者。

遇下列情况之一,应划为第二类防雷建筑物:

(1)国家级重点文物保护的建筑物。

(2)国家级别的会堂、办公建筑物、大型展览和博览建筑物、大型火车站、国宾馆、国家级档案馆、大型城市的重要给水水泵房等特别重要的建筑物。

(3)国家级计算中心、国际通讯枢纽等对国民经济有重要意义且装有大量电子设备的建筑物。

(4)制造、使用或贮存爆炸物质的建筑物,且电火花不易引起爆炸或不致造成巨大破坏和人身伤亡者。

(5)具有 1 区爆炸危险环境的建筑物,且电火花不易引起爆炸或不致造成巨大破坏和人身伤亡者。

(6)具有 2 区或 11 区爆炸危险环境的建筑物。

(7)工业企业内有爆炸危险的露天钢质封闭气罐。

(8)预计雷击次数大于 0.06 次/a 的部、省级办公建筑物及其他重要或人员密集的公共建筑物。

(9)预计雷击次数大于 0.3 次/a 的住宅、办公楼等一般性民用建筑物。

遇下列情况之一时,应划为第三类防雷建筑物:

(1)省级重点文物保护的建筑物及省级档案馆。

(2)预计雷击次数大于或等于 0.012 次/a,且小于或等于 0.06 次/a 的部、省级办公建筑物及其他重要或人员密集的公共建筑物。

(3)预计雷击次数大于或等于 0.06 次/a,且小于或等于 0.3 次/a 的住宅、办公楼等一般性民用建筑物。

(4)预计雷击次数大于或等于 0.06 次/a 的一般性工业建筑物。

(5)根据雷击后对工业生产的影响及产生的后果,并结合当地气象、地形、地质及周围环境等因素,确定需要防雷的 21 区、22 区、23 区火灾危险环境。

(6)在平均雷暴日大于 15 d/a 的地区,高度在 15 m 及以上的烟囱、水塔等孤立的高耸建筑物;在平均雷暴日小于或等于 15 d/a 的地区,高度在 20 m 及以上的烟囱、水塔等孤立的高耸建筑物。

5.2 建筑物外部防雷

5.2.1 建筑物防雷概述

防雷是一个系统的工程，雷电防护一般分为外部防雷和内部防雷两个方面。常规意义上的外部防雷主要是指的直击雷的防护。实际应用中，由接闪器、引下线、完善的接地系统构成了外部防雷。

1. 避雷针

避雷针（避雷网，避雷带）位于建筑物的顶部，其作用是引雷或叫截获闪电，即把雷电流引下。

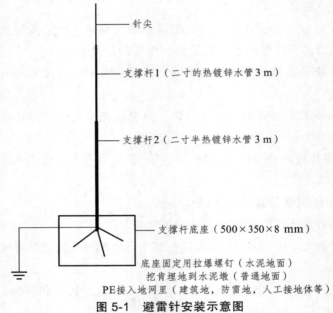

图 5-1　避雷针安装示意图

2. 引下线

引下线上与避雷针连接，下与接地装置连接，它的作用是把闪电器截获的雷电引流至接地装置。

3. 接地装置

位于地下一定深度，它的作用是使雷电流顺利流散到大地中去。

4. 建筑物楼顶装置与雷电流引下线的设计要求

（1）建筑物楼顶上的标志灯，节日彩灯，空调附属设备等设施，其金属框架、电源线的金属护层上、下端均应与暗装避雷网或女儿墙上的避雷带连接焊牢，焊点做防腐处理.大楼避雷带设于女儿墙上，每隔 5～10 m 与暗装避雷网连接一次并焊牢，暴露在空气中的焊点一律采取防腐处理。

（2）雷电流引下线由楼顶开始，引至大楼环形接地体上形成一个笼形结构，大楼底层均压网宜与大楼周围的环形地体每 5～10 m 用镀锌扁钢连接一次并焊牢，焊点做防腐处理。

（3）接地汇集线。接地汇集线设计成环形或排状，材料为铜线。

（4）铁塔的雷电流引下线应采用扁钢或铜排焊接连通，直接引入联合接地体。

（5）避雷针应采用符合国家标准 GB5007-1994（最新标准为 GB50057-2010）《建筑物防雷设计规范》的接闪器即常规型避雷针，其他非常规避雷针或削雷器慎用。

（6）接地体。垂直接地体长度宜为 1.5～2.5 m，垂直接地体间距为自身长度的 1.5～2 倍。

（7）接地体和接地引线。接地线宜短，直，截面积为 35～95 mm² 材料多为铜线。

5.2.2　建筑物外部防雷技术

建筑物外部防雷措施主要是在建筑物朝天面设置如避雷针、避雷带等接闪装置接闪雷电，并将雷电流通过防雷引下线泄放入接地装置。

1. 直击雷危害及防护体系

直接雷击：雷电活动区内，雷电直接通过人体、建筑物、设备等对地放电产生的电击现象。是带电云层（雷云）与建筑物、其他物体、大地或防雷装置之间发生的迅猛放电现象，并由此伴随而产生的电效应、热效应或机械力等一系列的破坏作用。

2. 建筑物外部防雷措施

建筑物的外部雷电防护，应按照国标 GB50057-2010《建筑物防雷设计规范》的要求进行设计和施工，主要使用避雷针、网、带、线等作为接闪体，同时敷设引下线与良好的接地系统使得的雷电流消散入地，其目的是保护建筑物（构筑物）不受雷击的破坏，给建筑物内的人或设备提供一个相对安全的环境。

一个良好的接地系统是保护人身设备安全、系统稳定工作的重要保证，也是防雷系统的重要基础。特别是在强雷区，一个合理的接地系统能更快地泄放雷电流，降低残压，防止地电位反击事故，有效地降低雷害威胁。

传统的直击雷防护理论已经相当成熟，外部防雷系统的保护范围主要是根据滚球法来确定的。滚球法是国际电工委员会（iec）推荐的接闪器保护范围计算方法之一，我国的《建筑物防雷设计规范》GB50057-2010 也采纳了"滚球法"。

我国的《建筑物防雷设计规范》GB50057-2010 将防雷级别划分为一至三级，其滚球半径分别为 30 m、45 m、60 m，对于露天堆场滚球半径放宽到了 100 m。

lps 主要的作用是针对极高能量的雷电流脉冲产生的损害，防止或减少实体的损害和人身伤害，lps 由外部 lps 和内部 lps 组成。外部 lps，主要由接闪器、引下线和接地系统组成。对于一般建筑物的防雷工程，其直击雷的防护主要是在各建筑物顶部四周采用大于等于 $\phi 10$ 的热镀锌圆钢构筑接闪装置，并敷设防雷引下线与地网连接，引下线的间距应按规范相关规定设置。其保护范围按 GB50057-2010《建筑物防雷设计规范》中的滚球计算。

（1）避雷带和避雷网一般采用圆钢或扁钢，其尺寸不应小于下列数值：圆钢直径不小于

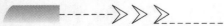
8 mm，扁钢截面积不小于 48 mm²，扁钢厚度为 4 mm。避雷带可沿建筑物四周女儿墙上敷设，并与避雷针、引下线、天面电磁屏蔽网做良好的连接。

（2）避雷网网格尺寸规范。

（3）采用避雷带和避雷网保护时，从房屋顶层至少有两根引下线（投影面积小于 50 m² 的建筑物可只用一根）。避雷带引下线最好对称布置，例如两根引下线成"一"字或"Z"字形，四根引下线要做成"工"字形，引下线间距离不应大于 20 m，当大于 20 m 时，应在中间多引一根引下线。每根引下线的冲击接地电阻不应大于 10 Ω。当采用多根引下线时，应在个引下线上距地面 0.3 ~ 1.8 m 装设断接卡。

5.2.3　建筑物防雷接地技术

建筑物的防雷接地网可采用多种材料，水平接地体一般采用 – 40*4 热镀锌扁钢制作，垂直接地体可采用热镀锌角钢（ 15 × 50 × 50 × 2 500 mm）制作。也包括其他接地体，如：铜包钢、离子接地棒、接地模块等。

1. 铜包钢接地系统

接地极采用热浸涂层铜包钢材料制作，接地极下端为尖端，上端根据用户需要可采用螺牙或平头，标准长度有 3 m、2.5 m、2.4 m、2 m、1.5 m 等，亦可根据用户要求定长加工。接地极的尖端实际是淬火的具有高强度的钢材，十分坚硬，便于打入地下。接地极的上端可套上"端盖"供打入接地用。

分段接地极：分段接地极主要是为了方便施工而制造，如因土质坚硬、隧道、涵洞、高度不足等原因而造成的施工不便，需用分段加长连接成额定长度，其主体一端为尖端，另一端为螺牙，加长段有两端螺牙，一端平头的两种。

2. 离子接地系统

离子接地系统是采用先进技术，研制生产的新型接地系统。尤其适用于各类有较高接地要求、接地工程难度较大的场所，与传统的接地方式相比较，能使雷电冲击电流及故障电流更快地扩散于土壤中，因此，在恶劣的土壤条件下，接地效果尤为显著。

离子接地系统在接地极中加入可逆性缓释填充剂。这种填充剂具有吸水、放水、可逆的特点。当它吸水时，可以吸收自身 100 ~ 500 倍的水分，当外部环境干燥缺水时，又可以完全释放拥有的水分，达到周边水分平衡。这种可逆反应，有效保证了壳层内环境的有效湿度，保证了接地电阻的稳定。通过这种方式产生的离子吸收大地水分后，可以通过潮解作用，将活性电解离子有效释放到周围的土壤中，使接地极成为一个离子发生装置，从而改善周边土质使之达到接地要求。接地极外部填充剂通过与其内部电解离子填充剂的相互作用产生针对壳层土壤的化学处理，降低壳层土壤的电阻率，同时在缓释接地极与大地土壤之间，形成了一个过渡带，增大了接地极的等效截面积和土壤的接触面积，消除了接地体与土壤之间的接触电阻，改善了地中的电场分布，填充剂良好的渗透性能，深入到泥土及岩缝中，形成树根网状，增大了地中的泄流面积。

3. 低电阻接地模块系统

低电阻接地模块是一种以非金属材料为主的接地体，它由导电性、稳定性较好的非金属矿物和电解物质组成，增大了接地体本身的散流面积，减小了接地体与土壤之间的接触电阻，具有强吸湿保湿能力，使其周围附近的土壤电阻率降低，介电常数增大，层间接触电阻减小，耐腐蚀性增强，因而能获得较小的接地电阻和较长的使用寿命。

埋设方法：

（1）低电阻接地模块可进行垂直埋置或水平埋置，埋置深度不宜小于 0.6 m，一般为 0.8 ～ 1.0 m。

（2）采用几个模块并联埋置时，模块间距不宜小于 4.0 m，如果条件不允许，可适当放宽。埋置较重的 bydi-3 型模块时，可动用随产品配备的把手，套入极芯，旋紧螺母，或穿以铁丝或绳索，抬降至基坑中

（3）低电阻接地模块的极芯互相并联或与地线连接时，必须进行焊接。要求用同一种金属材料焊接，确保连接的可靠性。焊接长度不小于 100 mm，不允许虚焊、漏焊。

5.3　接闪器保护范围

5.3.1　利用滚球法进行防雷设计的计算方法

1. 滚球法概述

"滚球法"是国际电工委员会（IEC）推荐的接闪器保护范围计算方法之一。国标 GB50057-94《建筑物防雷设计规范》（2000 年版）也把"滚球法"强制作为计算避雷针保护范围的方法。滚球法是以 h_r 为半径的一个球体沿需要防止击雷的部位滚动，当球体只触及接闪器（包括被用作接闪器的金属物）或只触及接闪器和地面（包括与大地接触并能承受雷击的金属物），而不触及需要保护的部位时，则该部分就得到接闪器的保护。

利用滚球法进行防雷（两支避雷针及以上）设计时，需要确定的因素包括：防雷类别、避雷针在 h_x 高度的保护半径 r_x 值、避雷针在 h_x 高度联合保护的最小保护宽度 b_x 值。下面将对如何利用滚球法进行防雷设计做简单的阐述。

2. 滚球半径 h_x 的确定

按 GB50057—1994 建筑物防雷设计规范要求，不同类别的防雷建筑物的滚球半径，如表 5-1 所示。

表 5-1　不同类别的防雷建筑物的滚球半径

建筑物防雷类别	滚球半径 h_r/m
第一类防雷建筑物	30
第二类防雷建筑物	45
第三类防雷建筑物	60

3. 避雷针在 h_x 高度的 xx′ 平面上的保护半径 r_x 的确定

按 GB50057—1994 建筑物防雷设计规范要求，避雷针在 h_x 高度的 **xx′** 平面上的保护半径 r_x 值为：

$$r_x = \sqrt{h(2h_r - h)} - \sqrt{h_x(2h_r - h_x)} \qquad (5\text{-}1)$$

式中　　r_x——避雷针在 h_x 高度的 xx′ 平面上的保护半径（m）；

h_r——滚球半径（m）；

h_x——被保护物的高度（m）；

h——避雷针的高度（m）。

当 $h_x = 0$ 时，由公式（5-1）可以得到避雷针在地面上的保护半径 r_o 值为：

$$r_o = \sqrt{h(2h_r - h)} \qquad (5\text{-}2)$$

式中　　r_o——避雷针在地面上的保护半径（m）。

4. 避雷针在 h_x 高度联合保护的最小保护宽度 b_x 值的确定

在防雷设计中，我们不仅需要在图中标注出 h 值、r_x 值、D 值，而且还要标注出 b_x 值。但在《工业与民用配电手册》和《建筑物防雷设计规范》GB50057—1994（2000 年版）中，只给出了 r_x 的计算公式，没有给出 b_x 值的计算公式，下面将对 b_x 的公式进行推导：

1）双支等高避雷针联合保护范围的做法

通过设计及个人总结，笔者总结出了双支等高避雷针联合保护范围的做法：

（1）分别以 A、B 为圆心，r_o 为半径，做圆弧，两圆弧交于点 O、O′；

（2）分别以 O、O′ 为圆心，以 r_o-r_x 为半径做圆，与圆 A、圆 B 切于点 C、D、E、F；

（3）则封闭圆弧 CDEFC 为双支避雷针在 h_x 高度的 xx′ 平面上的联合保护范围（见图 5-2）。

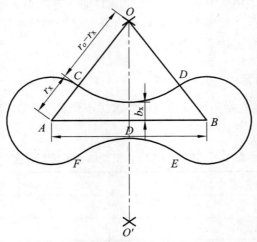

图 5-2　双支等高避雷针联合保护范围

2）双支等高避雷针在 h_x 高度联合保护的最小保护宽度 b_x 值公式的推导

（1）由图 5-2 可以计算出，当 $2r_x - D < 2\sqrt{(2r_c - r_x)r_x}$ 时，双支避雷针在 h_x 高度联合保护的最小保护宽度 b_x 值为：

$$b_x = \sqrt{r_0^2 - \left(\frac{D}{2}\right)^2} - (r_0 - r_x) \qquad （5-3）$$

即：

$$b_x = \sqrt{h(2h_x - h) - \left(\frac{D}{2}\right)^2} - \sqrt{h_x(2h_r - h_x)} \qquad （5-4）$$

式中 D——双支等高避雷针的距离（m）；

b_x——双支等高避雷针在 h_x 高度联合保护的最小保护宽度（m）。

（2）当 $D \geq 2\sqrt{(2r_c - r_x)r_x}$ 时，双支等高避雷针的保护范围为各自单针的保护范围，此时两根针没有联合保护范围，如图 2 所示。

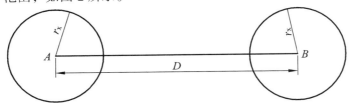

图 5-3　双支等高避雷针各自单针保护范围

（3）当 $D \leq 2r_x$ 时，双支等高避雷针的联合保护范围为两根针各自保护范围的交集，如图 5-4 所示。

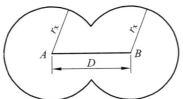

图 5-4　双支等高避雷针保护范围交集

5. 工程应用

在工程设计中，我们经常设置几支等高的避雷针来进行防雷保护。所以，利用上面的方法就可以绘出完整的防雷保护设计图。下面举例进行说明：

滴西 10 井区气田地面建设工程。集气处理站分离换热区为一级防雷，滚球半径为 30 m，装置区的防雷保护高度为 5.0 m。本装置区设置了三座 25.0 m（基础高度 0.2 m）高的避雷针进行防雷保护。

（1）利用公式（5-1）可以求得避雷针在 5.0 m 高度的保护半径 r_x 值为：

$$r_x = \sqrt{h(2h_r - h)} - \sqrt{h_x(2h_r - h_x)} = \sqrt{25.2(2\times30 - 25.2)} - \sqrt{5(2\times30 - 5)} = 13.03\ \text{m}$$

（2）利用公式 2 可以求得地面保护半径 r_0 的值为：

$$r_o = \sqrt{h(2h_r - h)} = \sqrt{25.2(2 \times 30 - 25.2)} = 29.6 \text{ m}$$

（3）1#避雷针与 2#避雷针在 5.0 m 高度联合保护的最小宽度 b_{12} 值。

由于两针间的距离 D_{12} 为 47.9 m，由公式（5-3）可以求得 b_{12} 为：

$$b_{12} = \sqrt{r_o^2 - \left(\frac{D}{2}\right)^2} - (r_o - r_x) = \sqrt{29.61^2 - \left(\frac{47.9}{2}\right)^2} - (29.61 - 13.02) = 0.8 \text{ m}$$

同理可以求得：$b_{23} = 8.6$ m，$b_{23} = 6.1$ m。

（4）利用上面的方法及计算数据，3 支 25.0 m 高的避雷针在 5.0 m 高度保护范围如图 5-5 所示：

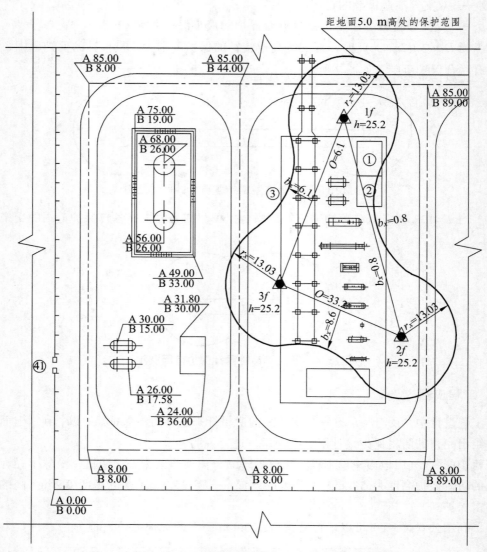

图 5-5　3 支 25.0 m 高的避雷针在 5.0 m 高度保护范围

随着国民经济建设的日益发展，雷电造成的灾害越来越严重，各行业遭受雷电灾害的频率越来越高，经济损失也逐年加重，尤其是城市高层建（构）筑物、易燃易爆场所、计算机及其场地等极容易遭受雷电袭击。人们也在不断地增强防雷电意识，越来越重视加强雷电的防护，防雷设计的重要性日益凸现。通过上述方法，可以准确地计算出防雷的保护范围，有效地保护设备和避免人员伤亡。

5.3.2　避雷针的保护范围计算

1. 计算方法

单支避雷针的保护范围如图 5-6 所示，它的具体计算通常采取下列方法（这种方法是从实验室用冲击电压发生器做模拟试验获得的）。

避雷针在地面上的保护半径为

$$r = 1.5 h$$

式中　r——保护半径（米）；h——避雷针高度（m）。

在被保护物高度 h_x 水平面上的保护半径为

$$r_x = (h - h_x)p = h_{ap}$$

$$r_x = (1.5h - 2h_x)p$$

式中　r_x——避雷针在 h_x 水平面上的保护半径（m）；

　　　h_x——被保护物的高度（m）；

　　　h_a——避雷针的有效高度（m）；

　　　p——高度影响系数（考虑避雷针太高时，保护半径不按正比例增大的系数）。

$h \leqslant 30$ 米时，$p = 1$。

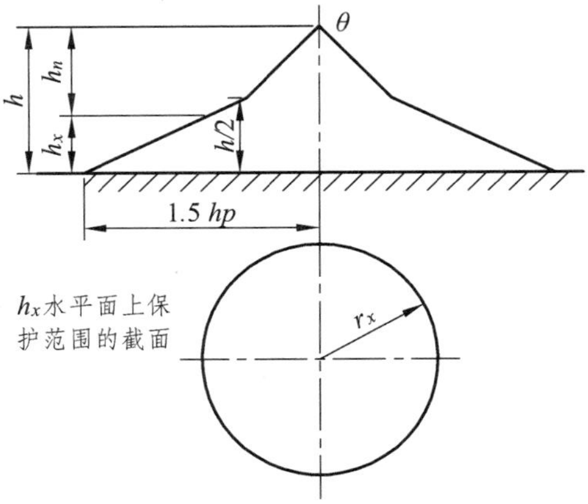

图 5-6　单支避雷针的保护范围

图 5-6 中顶角 α 称为避雷针的保护角. 对于平原地区 α 取 45°；对于山区，保护角缩小，α 取 37°。

我们通过一个具体例子来计算单支避雷针的保护范围。一座烟囱高 $h_x = 29$ m，避雷针尖端高出烟囱 1 m。那么避雷针高度为 30 m，避雷针在地面上的保护半径

$$r = 1.5h = 1.5 \times 30 = 45 \text{（m）}$$

避雷针对烟囱顶部水平面的保护半径

$$r_x = (h - h_x)\, p = (30 - 29) \times 1 = 1 \text{（m）}$$

随着所要求保护的范围增大。单支避雷针的高度要升高，但如果所要求保护的范围比较狭长（如长方形），就不宜用太高的单支避雷针，这时可以采用两支较矮的避雷针。两支等高避雷针的保护范围如图 5-7 所示。

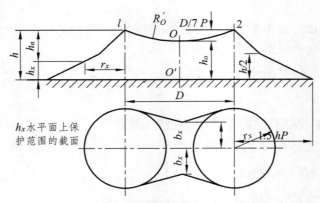

图 5-7　两支等高避雷针的保护范围

每支避雷针外侧的保护范围和单支避雷针的保护范围相同；两支避雷针中间的保护范围由通过两避雷针的顶点以及保护范围上部边缘的一最低点 O 作一圆弧来确定。

两避雷针之间高度为 h_x 水平面上保护范围的一侧的最小宽度

$$b_x = 1.5\,(h_o - h_x)$$

当两避雷针间距离 $D = 7h_p$ 时，$h_o = 0$，这意味着此时两避雷针之间不再构成联合保护范围。

当单支或双支避雷针不足以保护全部设备或建筑物时，可装三支或更多支形成更大范围的联合保护，其保护范围在此不再赘述。

需要注意的是，雷电时期内，在避雷针接地装置附近，由于跨步电压甚高，人员接近时有触电的危险，一般在避雷针接地装置附近约 10 米的范围内是比较危险的。

2. 避雷针的工作原理

雷电击中物体会产生强烈的破坏作用。防雷是人类同自然斗争的一个重要课题。安装避雷针是人们行之有效的防雷措施之一。

避雷针由接收器、接地引下线和接地体（接地极）三部分串联组成。避雷针的接受器是指避雷针顶端部分的金属针头。接收器的位置都高于被保护的物体。接地引下线是避雷针的中间部分，是用来连接雷电接收器和接地体的。接地引下线的截面积不但应根据雷电流通过时的发热情况计算，使其不会因过热而熔化，而且还要有足够的机械强度。接地体是整个避雷针的最底下部分。它的作用不仅是安全地把雷电流由此导入地中，而且还要进一步使雷电流入大地时均匀地分散开。

避雷针的工作原理就其本质而言，避雷针不是避雷，而是利用其高耸空中的有利地位，把雷电引向自身，承受雷击。同时把雷电流泄入大地，起着保护其附近比它矮的建筑物或设备免受雷击的作用。

避雷针保护其附近比它矮的建筑物或设备免受雷击是有一定范围的。这范围像一顶以避雷针为中心的圆锥形的帐篷，罩在帐篷里面空间的物体，可以免遭雷击，这就是避雷针的保护范围。

5.3.3　避雷线的保护范围

所谓保护范围是指被保护物在此空间内可遭受雷击的概率在可接受值之内。各种文献规定的保护范围不同是指允许遭受雷击的概率不同。中华人民共和国电力行业标准《DL/T 620—1997 交流电气装置的过电压保护和绝缘配合》中规定，避雷线保护范围可接受雷击概率为0.1%，即保护范围可靠率达99.9%美国推荐性标准 IEEE Std 142—1991 规定，避雷针击距（或球半径）为30 m时，保护范围内遭受雷击概率（饶几率）大约为0.1%；击距（或球半径）采用45 m时，雷击概率大约为0.5%。国内对避雷线的保护范围空间内雷电绕几率或保护可靠率研究较少。

在一些情况下，用避雷线比避雷针更方便和经济。避雷线保护范围截面建立类似避雷针，仅系数不同，这是因避雷线的引雷功能没有避雷针强。

1. 单支避雷线的保护范围

避雷线保护范围大小同数目、高度、相互位置、雷云高度及对雷云相对位置有关。

某危险工房高度为 9 m，安装有避雷线，架空避雷线高 20 m，计算单只避雷线的保护范围单支避雷线保护范围见图 5-8。

在被保护物高度 h_x 水平上保护半径为

当 $h_x \geqslant 0.5h$ 时，

$$r = 0.47(h - h_x)p \tag{5-5}$$

当 $h_x < 0.5h$ 时，

$$r = (h - 1.53h_x)p \tag{5-6}$$

式中　r——每侧保护范围宽度（m）；

　　　h_x——被保护物高度（m）；

　　　p——高度影响系数。

　　　即

$$h \leqslant 30 \text{ m}, \quad p = 1$$

$$30 \text{ m} < h \leqslant 120 \text{ m}, \quad p = \frac{5.5}{\sqrt{h}}$$

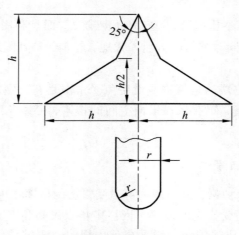

图 5-8 单根避雷线的保护范围

由于工房高度为 9 m，架空避雷线高为 20 m，由于被保护物高度小于避雷线高度的一半，所以带入公式（5-6），p 取 1，

$$r = (h - 1.53h_x)p = (20 - 1.53 \times 9) \times 1 = 6.23 \text{ m}$$

所以避雷线在 h_x 水平上的保护半径为 6.23 m。

第 6 章　建筑配电及建筑电工负荷计算

6.1　照明负荷

6.1.1　照明基础知识

电气照明是现代人们日常生活和工作的一项基本条件，当自然光线缺少（如夜晚）或不足时，它为人们提供了进行视觉工作的必需的环境。它是应用光学、电学、建筑学和生理卫生学等方面的综合科学技术，

光学是照明的基础。光是一种电磁波，可见光的波长一般为 $380 \sim 780$ nm（1 nm $= 10^{-9}$ m）。不同波长的光给人的颜色感觉不同，例如波长 $380 \sim 400$ nm 为紫色，波长 $700 \sim 780$ nm 为红色等。按波长长短依次排列称为光源的光谱。下面主要介绍与照明质量有关的几个基本概念。

1. 光通量

光源在单位时间内，向周围空间辐射并引起视觉的能量，称为光通量。用符号 F 表示，其单位为流明（lm）。

每消耗 1 W 功率所发出的光通量，称为发光效率，简称光效。这是评价各种电光源的一个重要数据。

2. 发光强度

光源发光强弱程度称为发光强度。用符号 I 表示，其单位为坎德拉（cd）。

3. 照　度

物体的照度不仅与它表面上的光通量有关，而且与它本身表面积的大小有关，即在单位面积上接收到光通量称为照度。用符号 E 表示，单位为勒克斯（lx）。

4. 亮　度

发光体在给定方向单位投影面积上发射的发光强度称为亮度。用符号 L 表示，单位为坎/平方米（cd/m^2）。

除了以上几个光学基本量以外，影响视觉还在于被照空间物体的表面反射系数。当光通量照射到物体被照面后，一部分被反射，一部分被吸收，一部分透过被照面的介质。被物体反射的光通量与射向物体的光通量之比称为反射系数或反射率。物体的反射系数与被照面的颜色和光洁度有关。

6.1.2 灯具简介

接通电源后，在电源电压的作用下，启辉器、照明电光源（灯泡或灯管）、固定安装用的灯座、控制光通量分布的灯罩及调节装置等构成了完整的电气照明器具，通常称为灯具。灯具的结构应满足制造、安装及维修方便，外形美观和使用工作场所的照明要求。

1. 分 类

根据使用的工作场所不同，可以分工业生产和民用建筑照明的灯具。工业用的灯具要求安全可靠，有时还要求防爆、防潮等特殊要求，灯具结构有开启型、封闭型、密闭型和防爆型等。灯座、灯罩材料常用金属、工程塑料。民用的灯具根据建筑空间的不同要求，如宾馆、住宅、办公室、教室、剧场、广场等灯具也有不同的要求，有时以经济实用为主，有时以装饰美观为主。

如果按总光通量在空间的上半球和下半球的分配比例来进行分类，灯具可分为直接型、半直接型、漫射型、半间接型和间接型。各种常用照明电光源如下：

（1）白炽灯。应用在照度和光色要求不高、频繁开关的室内外照明。除普通照明灯泡外，还有 6～36 V 的低压灯泡，用作机电设备局部安全照明和携带式照明。

（2）卤钨灯。光效高、光色好，适合大面积、高空间场所照明。

（3）荧光灯。光效高、光色好，适用于需要照度高、区别色彩的室内场所，例如教室、办公室和轻工车间。但不适合有转动机械的场所照明。

（4）荧光高压汞灯。光色差常用于街道、广场和施工工地大面积的照明。

（5）氙灯。发出强白光，光色好，又称"小太阳"，适合大面积、高大厂房、广场、运动场、港口和机场的照明。

（6）高压钠灯。光色较差，适合城市街道、广场的照明：

（7）低压钠灯，发出黄绿色光，穿透烟雾性能好，多用于城市道路、户外广场的照明。

（8）金属卤化物灯。光效高、光色好，室内外照明均适用。

其中白炽灯和荧光灯是应用最广泛的两种，下面进行具体介绍。

1）白炽灯

白炽灯又称"电灯泡"，是目前应用最广泛的电光源之一。由灯头、灯丝和玻璃外壳组成。灯头有螺纹口和插口两种形式，可拧进灯座中。对于螺口灯泡的灯座，相线应接在灯座中心接点上，零线接到螺纹口端接点上。

灯丝由钨丝制成，当电流通过时加热钨丝，使其达到白炽状态而发光。一般 40 W 以下的小功率灯泡内部抽成真空，60 W 以上的大功率灯泡先抽真空，再充以氩气等惰性气体，以减少钨丝发热时的蒸发损耗，提高使用寿命。

白炽灯构造简单，价格便宜，使用方便。在交流电场合使用时白炽灯的光线波动不大，如能选配合适的灯具使用对保护眼睛较有利。除普通白炽灯泡外，玻璃外壳可以制成各种形状，玻璃外壳可以透明，磨砂和涂白色、彩色涂料，以及镀一层反光铝膜的反射型照明灯泡。由于各种用途形式的现代灯具出现，白炽灯仍得到广泛采用。它的主要缺点是发光效率很低，只有2%～3%的电能转换为可见光，其余都以热辐射形式损失了。

2）荧光灯

荧光灯又称日光灯，是气体放电光源。它由灯管、镇流器和启辉器三部分组成。

灯管由灯头、灯丝和玻璃管壳组成。灯管两端分别装有一组灯丝与灯脚相连。灯管内抽成真空，再充以少量惰性气体氩和微量的汞。玻璃管壳内壁涂有荧光物质，改变荧光粉成分可以获得不同的可见光光谱。目前荧光灯有日光色、冷白色、暖白色以及各种彩色等光色。灯管外形有直管型、U 型、圆型、平板形和竖凑型（双曲型、H 型、双 D 型和双 X 型）。电源接通后，在电源电压作用下，辉器产生辉光放电，其动触片受热膨胀与静触点接触形成通路，电流通过并加热灯丝发射电子。这时辉光放电停止，动触片冷却恢复原来形状，在使触点断开的瞬间，电路突然切断，镇流器产生较高的自感电动势，当接线正确时，电动势与电源电压叠加，在灯管两端形成高电压。在高电压作用下，灯丝通电、加热和发射电子流，电子撞击汞原子，使其电离而放电。放电过程中发射出的紫外线又激发灯管内壁的荧光粉，从而发出可见光。

荧光灯发光效率高，寿命长（一般为 2 000～3 000 h），因此广泛地用于室内照明。其额定电压为 220 V，额定功率有 8、12、20、30 和 40 W 等多种规格。但荧光灯不宜频繁启动，否则会缩短寿命。荧光灯工作受环境温度影响大，最适宜的温度为 18～25 ℃。荧光灯发光会随交流电源的变化而作周期性明暗闪动，称为频闪效应。因此不适合在具有转动机器设备的机械加工车间等场合照明。消除频闪效应可用双荧光灯照明，其中一个灯管的电路中接有移相电容器，或者使用三荧光灯照明，分别接入星形连接的三相电路中工作。

由于镇流器是电感元件，因此电路的功率因数较低。为了提高电路和功率因数，可以并接一个电容器。例如常用的 20 W 荧光灯可以并接 0.5 μF 的电容器，40 W 荧光灯可以并接 4.75 μF 的电容器。

近年来研制生产和推广使用的节能型荧光灯交流电子镇流器，能提高功率因数和延长配套荧光灯管的使用寿命。它还具有频率转换电路，将荧光灯管的工作频率由 50 Hz 提高到 25 kHz，消除了荧光灯频闪效应对视觉的影响。在高频状态下镇流器能在 160～250 V 内正常启动荧光灯，这一优点对电压偏低地区尤为适用。它还具有过电压保护功能，当电源电压大于 300 V 时，可自动断开电源。

6.1.3　公用照明

公用照明包括：建筑的立面和装饰照明、庭院和广场照明、道路照明和体育照明等。现代建筑群不仅有美观的建筑物本身，也包括庭院、广场、道路、停车场和喷水池等，使整个环境形成和谐的统一体。公用照明可以展现建筑物夜间壮观的景色和绚丽的色彩氛围。

1. 投光照明

现代建筑特别是高层建筑，为了表现建筑物的立面效果，采用投光照明，又称泛光照明。投光灯使用的光源有白炽灯、高压汞灯、卤钨灯等，投光灯按其构造分为开启型和密闭型两种。开启型的特点是散热条件好，但反射器易被腐蚀；密闭型则保护反射器不受腐蚀，但散热条件差。投光灯的玻璃镜分为汇聚型和扩散型，它与光源组合构成不同类型的配光。对于高层建筑的立面照明，采用分组分段（窄光束或中光束）投射，也可采用不同色彩照明，当投光灯只能在建筑物体上安装时，投光灯凸出建筑物约 0.7～1 m。

2. 门庭照明

为装饰公共建筑的正门，如宾馆、影剧院、商场、办公楼、图书馆、医院和公安部门等，均需设门灯。门灯包括门顶灯、壁灯、雨棚座灯、球形吸顶灯等。

3. 庭院照明

庭院灯用于庭院、公园、大型建筑物的周围和屋顶花园等。要求庭院灯造型美观新颖，既是照明器具，又是艺术欣赏物。庭院灯的选择应和建筑物和谐统一，如园林小径灯、草坪灯等。若庭院设有喷泉，也可使用水池彩灯（采用防水型卤钨灯），光经过水的折射，会产生色彩艳丽的光线。

4. 道路照明

道路照明包括装饰性照明和功能性照明。装饰性道路照明要求灯具造型美观，风格和建筑物相配，主要设于建筑物前、车站和码头的广场等。功能性道路照明要有良好的配光，使光照均匀射在道路中央。施工照明常采用白炽灯或投光灯，广场和道路照明推广应用光效高的高压钠灯。一般 6 m 高的电杆选灯泡功率为 100 W，8 m 高的电杆选灯泡功率为 250 W，10 m 高的电杆选高压钠灯功率为 400 W。

5. 障碍照明

障碍照明是为了防止飞机夜间航行时与建筑物或烟囱等相撞的标志灯。障碍照明灯设于高层建筑屋顶及构筑物凸起的顶端（避雷针以下）若建筑屋顶面积较大或是建筑群时，除在最高处设置外，还应在其外侧顶端设置障碍灯。障碍照明灯设在 100 m 高的烟囱上时，为了减少对灯具的污染，宜设置在低于烟囱顶部 4～6 m 的部位，同时在其高度的 1/2 处也装设障碍灯。烟囱顶端宜设 3 盏障碍灯，并呈三角形排列。障碍灯分红色和白色，至少装一盏，最高端最少装两盏，功率不小于 100 W，有条件的宜采用频闪障碍灯。障碍灯应处在避雷针保护范围之内，灯具的金属部分应与屋顶钢构件等进行电气连接。障碍照明应采用单独的供电回路。障碍灯的配线要穿过防水层，因此应密闭、不漏水。

6.2 动力负荷

6.2.1 供水设备

建筑供水设备主要包括水泵、水箱、贮水池、气压给水装置等，应根据合理计算设计或选用。办公大楼和工厂中的供水设备一般都采用置于高处的水箱方式。对于高置的水箱方式，一旦把来自自来水主管道中的水贮存到蓄水箱（供水源）后，在大楼和工厂内的最高位置的水龙头（器件）处用电动泵把水抽到设置在高处的水箱内，从而使水获得必要的水压，为大楼和工厂内的必要场所提供一种供水方式。供水设备的供水控制，就是当高置水箱的水位达到下限时，电动泵会自动地启动、运转，从蓄水箱（供水源）向上抽水，另外，当高置水箱的水位达到上限时，电动泵会自动停止，直到再次达到下限水位之前不会再进行向上抽水控制。这种供水控

制也称为水位控制。

　　建筑供水设备主要电力负荷为水泵,水泵是提升液体的通用机械设备,根据使用方式不同,工艺要求、种类很多。水泵是建筑给水系统中的主要升压设备,在建筑给水系统中一般采用离心式水泵（简称离心泵）,它具有结构简单、体积小、效率较高、运转平稳等优点。水泵的选型首先应该正确计算出给水系统的用水量和所省水压,并以此作为水泵的流量和扬程,然后按照水泵的性能参数对应选型。

6.2.2　电梯

1. 概　述

　　电梯是高层建筑不可缺少的垂直运输工具。高层办公楼、宾馆、住宅、医院以及大型商场等建筑物必须装备足够的电梯或自动扶梯。电梯交通系统的设计是否合理,还将直接影响建筑物的使用安全和经营服务的质量。没有电梯技术的发展,高层建筑是难以推广兴建和使用的。

　　电梯设备种类繁多,通常分类的方法为:

　　1）按用途分类

　　可分为客梯、货梯、客货两用梯、观光梯,病床梯、车辆用电梯和自动扶梯等。

　　2）按速度分类

　　可分为低速电梯、中速电梯和高速电梯。目前尚无严格的规定,一般可按下面的速度区分:

　　（1）低速电梯。速度在 1 m/s 以下;

　　（2）中速电梯。速度在 1~2 m/s 以内;

　　（3）高速电梯。速度在 2 m/s 以上。

　　3）按拖动方式分类

　　（1）交流电梯。电梯的曳引电动机是交流电机。根据电机类型和控制装置不同特点,又可分为交流单速电梯、交流双速电梯和交流调速电梯（其中包括调压调速和交流调频调压调速两种电梯）。

　　（2）直流电梯。电梯的曳引电动机是直流电机,一般用于高速电梯。

　　4）按有无减速器分类

　　可分为有齿轮减速器电梯和无齿轮减速器电梯。后者由电动机直接带动曳引轮,一般为高速电梯采用。

　　5）按操作方式分类

　　（1）有司机电梯。由专门司机操纵的电梯,一般客梯在轿厢内操纵,货梯在轿厢外操纵。

　　（2）无司机电梯。由乘客自己操纵的电梯,具有集选功能。

　　（3）有/无司机电梯。可以两种方式工作。平时由乘客操纵;客流量大时或必要时,由司机操纵电梯。

2．电梯的结构与工作原理

1）电梯的基本结构

电梯是机电一体化的大型复杂机电设备，其基本结构如图 6-1 所示，通常是由机房、井道、厅门、轿厢和操纵箱等五个部分组成，每一个部分都包含了机械装置和电气系统的协同工作的内容。为了叙述方便，我们在基本结构中，主要介绍电气机械部件、装置的组成和作用，其中电气系统的工作原理另外提出专门介绍。

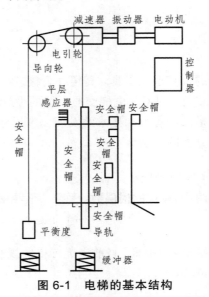

图 6-1　电梯的基本结构

（1）机房。由曳引电动机、电磁制动器、减速器、曳引轮、导向轮、限速器、电源配电板和控制柜等组成。它们的主要作用是控制输出动力与传递动力，使电梯进行工作。

（2）井道。由导轨、曳引钢丝绳、限速器钢丝绳、平衡重，平衡钢丝绳、缓冲器和限位开关等组成。它们的作用是限制电梯轿厢和平衡重的活动自由度，只能沿着导轨作升降运动。

平衡重又称为对重，一般用以平衡轿厢的自重和部分电梯额定载重量。在高层电梯中，平衡重下面连接平衡钢丝绳，可以补偿轿厢处于不同高度时，轿厢与平衡重侧曳引绳长度变化对电梯平衡的影响。

缓冲器装于井道底坑，分为轿厢缓冲器和平衡重缓冲器。当轿厢或平衡重撞击底坑时，缓冲器可以承受冲击，吸收能量，安全制停，一般低速电梯选用弹簧缓冲器，高速电梯选用液压缓冲器。

限位开关是一种行程开关，它们分别装在井道上、下站处。当电梯轿厢到达端站或停站控制失灵时，自动切断电源和迫使电梯被曳引机上电磁制动器所制动。

（3）厅门。由厅门、厅门门锁、厅门楼层及运动方向显示器和厅门呼梯按钮等组成。建筑物每层停站处都设有厅门。只有当电梯轿厢停在该位置上时，厅门才允许开启；厅门还装有机电联锁安全装置，厅门关闭锁住后，才能接通控制电路，允许电梯启动。

（4）轿厢。由轿厢架、轿厢体、导靴、轿厢操纵盘、轿内楼层显示器、呼梯显示器、自动开关门机、平层感应器和安全钳等组成。轿厢的作用是运送乘客和货物。导靴与井道的导轨接触，使轿厢只能沿着导轨上下运动。

（5）操纵箱。由按钮、开关和各种显示器、信号灯组成。实现电梯运行的操纵控制。

2）电力拖动系统

电梯的电力拖动系统的作用是提供电梯轿厢运动的动力和对运行的方向、速度、位置等控制。电力拖动系统通常由曳引电动机、传动机构、供电电源和控制系统组成。

（1）曳引电动机。电动机的作用是将电能转换为机械动力。通常采用交流电动机或直流电动机两种类型。曳引电动机应具有较高的启动转矩、较小的启动电流、较硬的机械特性、良好的调速性能、适合频繁的启动、正向反向运转和工作可靠、不需要经常的维护工作等特点。

（2）供电电源。为电梯的曳引电动机、控制系统等各部分提供所需的电源。

（3）控制系统。电梯的运行都是由控制系统来进行操纵和控制的。通常由操纵装置、位置显示装置、控制柜、平层装置和选层装置等组成。

操纵装置包括轿厢内按钮操纵箱或手柄操纵箱和厅门旁的召唤按钮箱。操纵箱操纵电梯的运行状态，司机或乘客可在轿厢选择要去楼层数。现代化的电梯能自动关门平稳启动轿厢，到达要去的楼层时，能自动减速平稳地停在该楼层后，自动开门等。呼梯按钮供乘客用来召唤电梯轿厢。

位置显示装置包括轿厢内和厅门楼层显示器，它以灯光显示电梯轿厢所在位置和运行方向，轿厢内的显示器还可以表示召唤乘客的楼层数。平层装置由装在轿厢顶部的磁感应器和装在井道中每一楼层规定位置的隔磁板 2 组成。当电梯上下运行，轿厢到达平层区域时，磁感应器伸入隔磁板的隔磁作用发出平层信号，如图 6-2 所示，其中的磁感应器由 U 型磁钢 1 和舌簧管 3 组成。

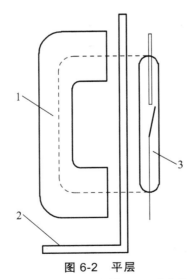

图 6-2　平层

1—U 型磁钢；2—隔磁板；3—舌黄管；

控制柜安装在机房中，装有控制电梯运行的全部电气控制电器。使电梯起动、停止、正转、反转、快速、慢速等，并能按设计要求进行自动控制和保证安全运行。选层装置也设在机房中，它主要用来识别记忆内选外呼和轿厢的位置，确定运行方向、速度、停层、指示轿厢位置和消去应答完毕的呼梯信号等。

现代电梯控制系统中应用微电脑控制技术，使电梯控制系统进入了一个新的发展时期，电梯运行服务质量大大提高。

3）安全保护系统

电梯设备在运行中不断地反复启动、升降和停车。为了保证电梯安全使用，防止人身安全事故的发生，电梯各部分的机械、电气装置、零部件都必须非常可靠和耐用。此外，还装有可靠的安全保护系统。

（1）限速系统。由限速器和安全钳组成。装在机房中的限速器，在轿厢运行速度超过允许值时，发出电信号及产生机械动作，切断电源，使电磁制动器动作或使安全钳动作，夹住导轨将轿厢强行制动。

（2）端站保护。是一组防止电梯超越上、下端站的限位开关。能在轿厢平衡重碰到缓冲器前，切断电源，使电梯被曳引机上电磁制动器所制动。

（3）光电保护。由装在轿门边缘的上、下两套光电保护装置组成。在关门时，若有乘客出入，挡住发光管的拦门光线时，轿厢门便反向重新打开，以防止碰撞乘客身体。

安全保护系统的主要动作如图 6-3 所示。

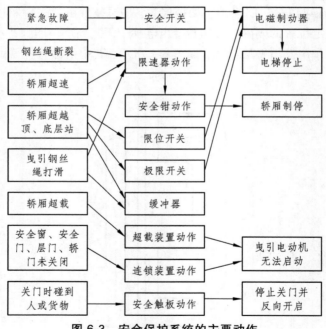

图 6-3　安全保护系统的主要动作

6.3　照明负荷的计算

照明负荷计算就是确定供电量。在根据照度计算确定布灯设计，算出电气照明电光源所需的功率以后，进行照明负荷计算和设计，选择配电导线、控制设备与配电箱的型号、数量及位置等。

1．照度计算

平均照度的计算通常应用利用系数法,该方法考虑了由光源直接投射到工作面上的光通量和经过室内表面相互反射后再投射到工作面上的光通量。利用系数法适用于灯具均匀布置、墙和天棚反射系数较高、空间无大型设备遮挡的室内一般照明,也适用于灯具均匀布置的室外照明,该方法计算比较准确。

利用系数法:

1）应用利用系数法计算平均照度的基本公式

$$E_{av} = \frac{N\Phi UK}{A} \tag{6-1}$$

式中　E_{av}——工作面上的平均照度（lx）;

　　　Φ——光源的光通量（lm）;

　　　N——光源数量;

　　　U——利用系数;

　　　A——工作面面积;

　　　K——灯具的维护系数。

2）利用系数 U

利用系数是投射到工作面上的光通量与自然光源发射出的光通量之比,可由式（6-2）计算

$$U = \frac{\Phi_1}{\Phi} \tag{6-2}$$

式中　Φ——光源的光通量（lm）;

　　　Φ_1——自然光源发射,最后投射到工作面上的光通量（lm）。

3）室内空间的表示方式

室内空间的划分如图 6-4 所示。

室空间比

$$RCR = \frac{5h_r \cdot (l+b)}{l \cdot b} \tag{6-3}$$

顶棚空间比

$$CCR = \frac{5h_c \cdot (l+b)}{l \cdot b} = \frac{h_c}{h_r} RCR \tag{6-4}$$

地板空间比

$$FCR = \frac{5h_f \cdot (l+b)}{l \cdot b} = \frac{h_f}{h_r} RCR \tag{6-5}$$

式中　l——室长（m）；

　　　b——室宽（m）；

　　　h_c——顶棚空间高（m）；

　　　h_r——室空间高（m）；

　　　h_f——地板空间高（m）。

当房间不是正四边形时，因为

$$墙面积 = 2h_r(l+b)$$

$$地面积 = l \cdot b$$

则式（6-3）可改写为

$$RCR = \frac{2.5 \times 墙面积}{地面积} \qquad （6-6）$$

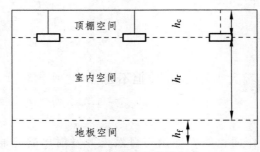

图 6-4　室内空间的划分

4）有效空间反射比和墙面平均反射比

为使计算简化，将顶棚空间视为位于灯具平面上，且具有有效反射比 ρ_{cc} 的假想平面。同样，将地板空间视为位于工作平面上，且具有有效反射比 ρ_{fc} 的假想平面，光在假想平面上的反射效果同实际效果一样，有效空间反射比由（6-7）计算

$$\rho_{eff} = \frac{\rho A_0}{A_s - \rho A_s + \rho A_0} \qquad （6-7）$$

$$\rho = \frac{\sum\limits_{i=1}^{N} \rho_i A_i}{\sum\limits_{i=1}^{N} A_i} \qquad （6-8）$$

式中　ρ_{eff}——有效空间反射比；

　　　A_0——空间开口平面面积（m²）；

　　　A_s——空间表面面积（m²）；

　　　ρ——空间表面平均反射比；

　　　ρ_i——第 i 个表面反射比；

　　　A_i——第 i 个表面面积（m²）；

　　　N——表面个数。

若已知空间表面（地板、顶棚或墙面）反射比（ρ_i、ρ_c或ρ_w）及空间比，及可从事先算好的表上求出空间有效反射比。

为简化计算，把墙面看成一个均匀的漫射表面，将窗子或墙上的装饰品等综合考虑，求出墙面平均反射比来体现整个墙面的反射条件。墙面平均反射比由式（6-9）计算

$$\rho_{wav} = \frac{\rho_w(A_w - A_g) + \rho_g A_g}{A_w}$$ （6-9）

式中　A_w、ρ_w——墙的总面积（包括窗面积）（m^2）和墙面反射比；

A_g、ρ_g——玻璃窗或装饰物的面积（m^2）和玻璃窗式装饰物的反射比。

根据式（6-1），灯数可按式（6-10）计算

$$N = \frac{E_{aV} A}{\Phi UK}$$ （6-10）

式中各符号意义同式（6-1）。

2. 负荷计算

照明负荷在运行中负荷大小是变化的，但不会超过其额定容量。各照明灯具的最大负荷一般也不会在同一时间出现。因此，全楼（全厂、全工地）的最大照明负荷总是比全部照明灯具容量的总和要小。通常，它们的总负荷用"计算负荷"来表示。

负荷计算有多种方法，这里主要介绍用需要系数法来确定计算负荷的方法。

1）确定设备功率

进行负荷计算时，首先将用电设备进行分类，按其性质分为不同的用电设备组，然后确定设备功率。

用电设备的额定功率 p，或额定容量 S，是指铭牌上的数据。对于不同负载持续率下的额定功率或额定容量，应换算成统一负载持续率下的有功功率，即设备功率 p。照明设备功率是指灯泡上标出的功率，对于荧光灯及高压水银灯等还应计入镇流器的功率损耗，即灯管的额定功率应分别增加 20% 及 8%。

2）确定计算负荷

（1）用电设备组的计算负荷。

有功功率 $\qquad p_{js} = K_x P_S \text{ kW}$

无功功率 $\qquad Q_{js} = P_{js} \text{tg} \varphi \text{kVA r}$

视在功率 $\qquad S_{js} = \sqrt{P_{js}^2 + Q_{js}^2} \text{kVA}$

（2）配电干线或配电变电所的计算负荷。

有功功率 $\qquad P_{js} = K_{\Sigma P} \sum (K_x P_s) \text{ kW}$

无功功率 $\qquad Q_{js} = K_{\Sigma Q} \sum (K_x P_s \text{tg}\varphi) \text{ kVAr}$

视在功率 $\qquad S_{js} = \sqrt{P_{js}^2 + Q_{js}^2} \text{ kVA}$

式中　P_s——用电设备组的设备功率（kW）；

　　　K_s——需要系数；

　　　$\cos\varphi, \text{tg}\varphi$——用电设备功率因素及功率因素角正切值；

　　　$K_{\Sigma P}, K_{\Sigma Q}$——有功、无功同时系数，分别取 0.8 ~ 0.9 及 0.93 ~ 0.97。

6.4　动力用电负荷的计算

6.4.1　电力负荷的分类

　　所谓电力负荷，是指用电设备所消耗的功率（或线路中通过的电流）。通常按电力负荷的重要性及其对供电可靠性、连续性的要求，把它分为 3 级。

1. 一级负荷

　　有下列情况之一为一级负荷：

　　（1）中断供电将造成人身伤亡的用户。

　　（2）中断供电将在经济上，政治上造成重大损失的用户。如各用户的重大设备损坏，重大产品报废，重点企业生产秩序被打乱而又需要长时间才能恢复等。

　　（3）中断供电将对其产生重大政治及经济影响的用户。如铁路枢纽、重要宾馆、用于国际活动的公共场所等。

2. 二级负荷

　　有下列情况之一为二级负荷：

　　（1）中断供电将在经济上造成较大损失的用户。如各用户的主要设备损坏、大量产品报废。重点企业大量减产等。

　　（2）中断供电将对其产生不良影响的用户。如大型剧院、大型商场等处所。

3. 三级负荷

　　凡不属于一、二级负荷的用户，都属于三级负荷。

6.4.2　计算供电线路上的电力负荷

　　计算供电线路上的电力负荷，是保证合理供电的一项重要工作。因为变压器的选择，输电导线面积和熔断器的选择、各类开关设备的选用，都是以线路中负荷的大小为依据的。如果负荷计算的过大，会造成材料的浪费，投资的增加；过小会使开关、导线等设备因选择不当而不能保证正常工作，甚至造成事故。所以必须重视线路负荷计算，掌握负荷计算方法。

在计算线路负荷之前，首先要确定接在线路上的各种用电设备的负荷（功率）。

1. 三相异步电机连续运转时的负荷

电动机铭牌上标明的功率是转子轴的额定输出功率，电动机从电源所吸取的电功率是输入功率，为

$$P_N = \frac{P_n}{\eta}$$（6-11）

式中 P_N——电动机的输入功率，单位为 kW；

P_n——电动机铭牌上的额定输出功率，单位为 kW；

η——电动机的效率。

2. 三相异步电机做短时间重复运转时的负荷

起重机，卷扬机等设备所用电动机及电焊机在工作时，时而运转，时而停止，它们属于短时重复运转的设备。

一台电动机一个运行周期内的工作时间与一个周期的运行时间之比称为暂载率。暂载率常用百分数来表示，即

$$JC = \frac{t_g}{T} \times 100\%$$（6-12）

式中 t_g——一个运行周期内的工作时间；

T——一个周期的运行时间，$T = t_g + t_0$；

t_0——停歇时间。

短时重复工作的电气设备的负荷计算，要将电气设备的铭牌上标明的某一暂载率下的额定功率统一换算到一个新的暂载率下的功率。

对于起重机的电动机，要求换算到 $JC = 25\%$ 时的功率

$$P_N = \sqrt{JC}\, P_e$$（6-13）

对于电焊机要求换算到 $JC = 100\%$ 时的功率

$$P_N = \sqrt{JC}\, S_e \cos\varphi$$（6-14）

以上两式中

P_e——电动机铭牌上的功率，单位为 kW；

JC——电动机，电焊机铭牌上的暂载率；

S_e——电焊机铭牌上的视在功率，单位为 kV·A；

$\cos\varphi$——电焊机的功率因数。

3. 单相设备的等效功率

多台单相设备要接入电源，应将它们均衡地接到三相上，力求三相负荷平衡，这样可以按三相对称负载功率计算方法计算它们的负荷。"平衡"是相对的，只要每相负荷与平均负荷相差不超过 15%时，仍可以认为三相平衡。如果达不到平衡要求，则应按以下方法计算三相的等效负荷。

（1）单台设备接入相电压（220 V）时

$$P_N = 3P_e \tag{6-15}$$

（2）单台设备接入线电压（380 V）时

1 台设备

$$P_N = \sqrt{3}P_e \tag{6-16}$$

2～3 台设备

$$P_N = 3P_e \tag{6-17}$$

式（6-15）～（6-17）中

P_N——用电设备的等效功率，单位为 kW;

P_e——单台设备的额定功率，单位为 kW。

4. 照明灯具的负荷

照明负载应均衡地接到三相电源上，每相负荷按不同的照明灯具分别确定其功率。

（1）白炽灯，碘钨灯的负荷就是灯泡上标明的功率。

（2）荧光灯，荧光高压水银灯，考虑到镇流器的损耗，它们的负荷应为

$$P_N = 12P_e \tag{6-18}$$

6.5 总用电负荷的计算

在确定了各种设备的负荷后，就可以计算线路上的总负荷了。但在计算总负荷时，不能简单地把各类设备的计算负荷相加。因为在同一时间内，各类设备并不同时工作，而且各类设备也并不是满载工作，所以设备的实际负荷总比额定负荷要小一些。为了正确计算线路上的总负荷，通常采用需要系数法来计算设备的实际负荷，即将设备的功率乘以一个小于 1 的系数 k，这个系数称为需要系数。用需要系数计算出的负荷称为计算负荷。根据计算负荷选用的配电设备其容量才不会过大，并保证其能长期工作而不会过热。

需要系数同许多因素有关，如用电设备同时工作和满载的情况、设备效率等。各种用电设备的需要系数是经过大量实验与统计得到的。如表 6-1 所示列出常用建筑机械配用电器的需要系数和功率因数。

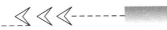

表 6-1 部分用电设备的需要系数及 $\cos\varphi$ 值

序号	用电设备名称	需要系数	$\cos\varphi$
1	生产用的通风机、水泵	0.75 ~ 0.85	0.8
2	运输机、传送机	0.52 ~ 0.6	0.75
3	混凝土及砂浆搅拌机	0.65 ~ 0.7	0.65
4	碎石机、砾石洗涤机	0.7	0.7
5	起重机、掘土机、升降机	0.25	0.7
6	电焊变压器	0.45	0.45
7	工业企业建筑室内照明	0.8	1
8	仓库	0.35	1
9	室外照明	1	1

1. 同类设备的计算负荷

用需要系数法计算负荷时，首先要将同类设备的负荷合并，按照它们的功率因数及换算方法计算出负荷 P_N，然后乘以需要系数 k_s，得到同类设备的计算负荷。计算负荷分为有功计算负荷、无功计算负荷和视在负荷。

$$P_{js} = k_s \sum P_N \qquad (6\text{-}19)$$

$$Q_{js} = P_{js} \tan\varphi \qquad (6\text{-}20)$$

$$S_{js} = \sqrt{P_{js}^2 + Q_{js}^2} \qquad (6\text{-}21)$$

式中　P_{js}、Q_{js}——同类设备的有功功率计算负荷，单位是 kW；无功功率计算负荷，单位是 kVar；

$\sum P_N$——同类设备标牌所示功率之和，单位为 kW；

S_{js}——同类设备的视在负荷，单位为 kV·A；

k_s——需要系数。

2. 供电线路总计算负荷

各类设备的计算负荷求出之后，就可以计算出供电线路上的总计算负荷。考虑到各类设备组中的最大负荷往往不同时出现，所以在计算供电线路上的总计算负荷时，还要乘以一个同期系数 $k\Sigma$，$k\Sigma$ 一般取 0.7 ~ 1。总计算负荷为

$$P_{\sum js} = k_\Sigma \sum P_{js} \qquad (6\text{-}22)$$

$$Q_{\sum js} = k_\Sigma \sum Q_{js} \qquad (6\text{-}23)$$

$$P_{\sum js} = k_\Sigma \sum P_{js} \qquad (6\text{-}24)$$

在计算总计算负荷时，如果照明灯具数量不明确，那么可以只计算动力负荷，然后将动力

负荷增加 10% 作为总计算负荷，即

$$S_{\sum js} = 1.1\sqrt{P_{js}^2 + Q_{js}^2} \qquad (6\text{-}25)$$

或

$$S_{\sum js} = 1.1\frac{P\sum js}{\cos\varphi} \qquad (6\text{-}26)$$

在选择导线、开关、熔断器时，需要计算线路上的总计算电流，即

$$I_{\sum js} = \frac{P_{\sum js}}{\sqrt{3}U_e\cos\varphi}\times 10^3 \qquad (6\text{-}27)$$

式中　　U_e——用电设备的线电压，单位为 V。

例题 6-1　某建筑工地有如下一些电气设备（见下表），要求计算供电负荷。

序号	用电设备	功率/kW	台数	总功率/kW	备　注
1	混凝土搅拌机	10	4	40	输入功率
2	砂浆搅拌机	4.5	2	9	
3	起重机	30	2	60	$JC = 25\%$
4	电焊机	221 kV·A	2	44 kV·A	$JC = 25\%$，单相 380 V，$\cos\varphi = 0.45$
5	照明			20	

解：1. 首先求出同类设备的计算负荷

（1）混凝土搅拌机。

混凝土搅拌机可属于连续运转工作方式，可以直接算出计算负荷。

通过查表 6-1，可取 $k_{s1} = 0.7$，$\cos\varphi = 0.65$，$\tan\varphi_1 \approx 1.17$

$$P_{N1} = 40 \ kW$$

$$P_{js1} = k_{s1}P_{N1} = 0.7\times 40 \ kW = 28 \ kW$$

$$Q_{js1} = P_{js1}\tan\varphi_1 = 28\times 1.17 \ kVAr \approx 32.8 \ kVAr$$

（2）砂浆搅拌机。

按连续运转工作方式计算。

查表 6-1，取 $k_{x2} = 0.7$，$\cos\varphi = 0.65$，则 $\tan\varphi_2 \approx 1.17$

$$P_{js2} = k_{x2}P_{N2} = 0.7\times 9 \ kW = 6.3 \ kW$$

$$Q_{js2} = P_{js2}\tan\varphi_2 = 6.3\times 1.17 \ kVAr \approx 7.4 \ kVAr$$

（3）电焊机。

查表 6-1，取 $k_{x3} = 0.45$，$\cos\varphi_3 = 0.45$，则 $\tan\varphi_3 \approx 1.99$。

电焊机应将铭牌暂载率换算成 100%暂载率时的功率

$$P_N = \sqrt{JC}S_e\cos\varphi_3 = \sqrt{0.65} \times 22 \times 0.45 \ \text{kW} \approx 8 \ \text{kW}$$

因为有两台电焊机分别接在两相上，所以应按照式（6-17）中 $P_{N3} = 3P_N$ 的关系将电焊机的功率换算成三相等效功率。

$$P_{N3} = 3P_N = 3 \times 8 \ \text{kW} = 24 \ \text{kW}$$

于是

$$P_{js3} = k_{x3}P_{N3} = 0.45 \times 24 \ \text{kW} = 10.8 \ \text{kW}$$

$$Q_{js3} = P_{js3}\tan\varphi_3 = 10.8 \times 1.99 \ \text{kVAr} \approx 21.5 \ \text{kVAr}$$

（4）起重机。

查表 6-10，取 $k_{x4} = 0.25$，$\cos\varphi_4 = 0.7$，则 $\tan\varphi_4 = 1.02$。

起重机的功率需换算为暂载率为 25%时的功率，因为本题中起重机的 $JC = 25\%$，所以不需要换算。

$$P_{N4} = 60 \ \text{kW}$$

$$P_{js4} = k_{s4}P_{N4} = 0.25 \times 60 \ \text{kW} = 15 \ \text{kW}$$

$$Q_{js4} = P_{js4}\tan\varphi_4 = 15 \times 1.02 \ \text{kVAr} = 15.3 \ \text{kVAr}$$

（5）照明。

查表 6-1，取 $k_{x5} = 1$，$P_{N5} = 20 \ \text{kW}$

$$P_{js5} = 20 \ \text{kW}$$

$$Q_{js5} = 0$$

2. 计算线路的总计算电荷

取同期系数 $k_\Sigma = 0.9$，则

总有功计算负荷

$$P_\Sigma = k\sum P_{js} = 0.9 \times (28 + 6.3 + 10.8 + 15 + 20) \ \text{kW} \approx 72.1 \ \text{kW}$$

总无功计算负荷

$$Q\sum js = k\sum\sum Q_{js} = 0.9 \times (32.8 + 7.4 + 21.5 + 15.3 + 0)\text{kVA} = 69.3 \ \text{kVA}$$

总现有负荷

$$S_{\Sigma js} = \sqrt{P^2_{\Sigma js} + Q^2_{\Sigma js}} = \sqrt{(72.1)^2 + (69.3)^2} \ \text{kV·A} \approx 100 \ \text{kV·A}$$

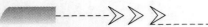

3. 计算线路的总工作电流

根据式（6-27），取 $\cos\varphi = 0.7$

则

$$I_{JS} = \frac{P_{\Sigma js}}{\sqrt{3}U_e\cos\varphi}\times 10^3 = \frac{72.1}{\sqrt{3}\times 380\times 0.7}\times 10^3 \approx 156.5 \text{ A}$$

同理可以计算出各设备支线路的计算电流。

6.6 导线的类型与导线的选择

为了保证供配电系统安全、可靠、优质、经济地运行，选择导线和电缆截面时必须满足下列条件：

（1）发热条件。导线和电缆（包括母线）在通过正常最大负荷电流即线路计算电流（I_{js}）时产生的发热温度，不应超过其正常运行时的最高允许温度。

（2）电压耗损条件。导线和电缆在通过正常最大负荷电流即线路计算电流（I_{30}）时产生的电压耗损，不应超过正常运行时允许的电压耗损（对于工厂内较短的高压线路，可不进行电压耗损校验）。

（3）经济电流密度。35 kV 及以上的高压线路及电压在 35 kV 以下但长距离、大电流的线路，其导线和电缆截面宜按经济电流密度选择，以使线路的年费用支付最小。所选截面，称为"经济截面"。此种选择原则，称为"年费用支出最小"原则。一般工厂和高层建筑内的 10 kV 及以下线路，选择"经济截面"的意义不大，因此通常不考虑此项条件。

（4）机械强度。导线（包括裸线和绝缘导线）截面不应小于其最小允许截面。

（5）短路时的动稳定度、热稳定度检验。和一般电气设备一样，导线也必须具有足够的动稳定度和热稳定度，以保证在短路故障时不会损坏。

（6）与保护装置的配合。导线和安装在其线路上的保护装置（如熔断器、低压断路器等）必须相互配合，才能有效地避免保护电流对线路造成的危害。

对于电缆，不必校验其机械强度和短路动稳定度，但需要校验短路热稳定度。对于母线，短路动稳定度、热稳定度都需要考虑。对于绝缘导线和电缆，还应满足工作电压的要求，即绝缘导线和电缆的额定电压应不低于使用地点的额定电压。

在工程设计中，根据经验，一般对 6～10 kV 及以下的高压配电线路和低压动力线路，先按发热条件选择导线截面，再校验其电压损耗和机械强度；对 35 kV 及以上的高压输电线路和6～10 kV 长距离、大电流线路，则先按经济电流密度选择导线截面，再校验其发热条件、电压损耗和机械强度；对低压照明线路，先按电压损耗选择导线截面，再检验发热条件和机械强度。通常按以上顺序进行截面的选择，比较容易满足要求，较少返工，从而减少计算的工作量。

选择配电导线包括选择导线型号和选择导线截面积两项内容。

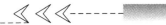

1. 导线型号的选择

常用的导线有铜线和铝线两种。铜线电阻率小，机械强度高。铝线电阻率大，强度低，焊接性差，但重量轻，价格便宜。为了节约铜材，在不影响供电质量的情况下，应尽量采用铝导线。导线型号很多，表 6-2 所示为几种常用导线的型号、名称及主要用途。

表 6-2　常用导线型号及其主要用途

导线类型		额定电压/V	导线名称	最小截面 /mm^2	主要用途
铝 芯	铜 芯				
LJ	TJ	-	裸绞线	25	室外架空线
LGJ			铜芯铝绞线		室外大跨度架空线
BLV	BV	500	聚氯乙烯绝缘线	2.5	室内架空线或穿管敷设
BLX	BX	500	橡皮绝缘线	2.5	室内架空线或穿管敷设
BLXF	BXF	500	氯丁橡皮绝缘线		室内外敷设
BLVV	BVV	500	塑料护套线		室内固定敷设
	RV	250	聚氯乙烯绝缘软线	0.5	250 kV 以下各种移动电器连线
	RVS	250	聚氯乙烯绝缘绞型软线	0.5	500 kV 以下各种移动电器连线
	RVV	500	聚氯乙烯绝缘护套软线		

2. 导线截面的选择

国家标准规定常用配电导线的面积有 1.5 mm^2、2.5 mm^2、4 mm^2、6 mm^2、10 mm^2、16 mm^2、25 mm^2、35 mm^2、50 mm^2、75 mm^2、90 mm^2、120 mm^2 等多种。导线截面选择的原则是：

（1）配电导线要有足够的强度，避免因刮风，施工不慎而被拉断，造成停电事故。

（2）配电导线在长期通过额定电流时不应因导线过热而导致绝缘层损坏，造成短路事故。

（3）线路上的电压降不能太大。动力线路的电压降不能超过额定电压的 10%；照明线路不能超过额定电压的 5%。

1）按发热条件选择导线截面

导线本身具有电阻，电流通过导线会产生热量，使导线温度升高。如果导线温度过高，会损坏导线的绝缘层，甚至引起火灾。为了保证导线能长期通过电流而不过热，对各种型号和各种截面的导线按其敷设方式和工作环境的温度，规定了每种导线长期允许通过的电流值，这个电流值称为导线的安全载流量。所谓按发热条件选择导线截面，就是根据线路的计算电流选择导线的截面，使所选导线中通过的计算电流不超过导线的安全载流量，即

$$I_{\sum js} \leqslant I_{AN}$$

式中　$I_{\sum js}$——线路的计算电流；

　　　I_{AN}——导线的安全载流量。

例题 6-2　有一条采用 BLX-500 型的铝芯橡皮线明敷设的 380/220 V 线路，最大负荷电流为 50 A，敷设地点的环境温度为 30 ℃。试按发热条件选择此橡皮线的芯线截面。

解：查有关资料可知，气温为 30 ℃时芯线截面为 10 mm^2 的 BLX 型橡皮线明敷设的允许

载流量为 60 A，大于最大负荷电流。

因此，按发热条件，相线截面初步地选择为 10 mm²，中行线截面可初步选为 10 mm²。

2）按允许电压降选择导线截面

因为导线上总存在着阻抗，所以当电流通过导线时，会产生电压降落，又称为电压损失。电压损失是指电路始端与末端的电压值之差。电压损失过大，将影响用电设备的正常工作。工程上常用相对电压损失来表示电压损失的大小，即

$$\Delta U\% = \frac{U_1 - U_2}{U_e} \times 100\% \qquad (6\text{-}28)$$

式中 U_e——线路的额定电压，单位为 V；

      U_1——线路的始端电压，单位为 V；

      U_2——电路的末端电压，单位为 V；

在选择导线截面时，通常给定相对电压损失，根据相对电压损失来计算导线截面。对于 380/220 V 低压供电线路，若整条线路的导线截面、材料、敷设方式相同，并且 $\cos\varphi \approx 1$，则导线截面为

$$A = \frac{PL}{C\Delta U\%} \qquad (6\text{-}29)$$

式中 A——导线截面面积，单位为 mm²；

      P——导线输送的电功率，单位为 kW；

      L——输电线路长度，单位为 m；

      $\Delta U\%$——线路终端允许的相对电压降。在供电规程中对式（6-28）的 $\Delta U\%$ 做了规定：$U_N = 35\ \text{kV}$ 时，不超过 $\pm 5\%U_N$；$U_N = 10\ \text{kV}$ 时，不超过 $\pm 7\%U_N$；$U_N = 380\ \text{kV}$ 时，不超过（5% ~ 10%）U_N。

      C——系数。根据导线材料、线路相数、额定电压的不同由表 6-3 选定。

表 6-3   按允许电压损失计算导线截面公式中的系数 C 值

线路额定电压/V	线路系统及电流种类	系数 C 值	
		铜线路	铝线路
380/220	三相四线制	77	46.3
220	单相或直流	12.8	7.75
110	单相或直流	3.2	1.9
36	单相或直流	0.34	0.21

当树干式线路上有多个负载时，如图 6-5 所示，线路 OC 段电压损失可由 OA、AB、BC 段电压损失之和计算，即

$$\Delta U_{OC}\% = \Delta U_{OA}\% + \Delta U_{AB}\% + \Delta U_{BC}\% \qquad (6\text{-}6\text{-}3)$$

式中，$\Delta U_{OA}\%$、$\Delta U_{AB}\%$、$\Delta U_{BC}\%$ 分别为各段的相对电压损失。

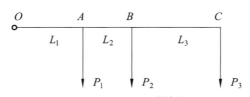

图 6-5　树干式线路 $\Delta U\%$ 的计算

3）按机械强度选择导线截面

导线在工作时必须具有一定的机械强度，才能承受它本身的重量及风、雨、冰、雪等对它的压力。导线按机械强度要求的最小截面积如表 6-4 所示。

表 6-4　导线按机械强度要求的最小截面

导线用途	导线最小截面/mm²	
	铜　线	铝　线
照明装置用导线：户内用 户外用	0.5 1.0	2.5 2.5
多芯软电线、软电缆、移动式生产用电设备	1.0	——
绝缘导线用于固定架设户内绝缘支架上，间距 2 m 以下 6 m 以下 25 m 以下	1.0 2.5 4.0	2.5 4.0 10.0
裸导线：户内用 户外用	2.5 6.0	4.0 16.0
绝缘导线：穿在管内 木槽板内	1.0 1.0	2.5 2.5
绝缘导线：户外沿墙敷设 户外其他方式	2.5 4.0	4.0 10.0

一般来说，在选择导线截面时，对负荷大而送电距离近的导线，可先按发热条件来选，然后校核线路的电压损失和导线机械强度。如果电压质量要求高，如低电压照明电路，送电距离又比较远，则可先按电压损失来选择导线截面，再校核发热条件和机械强度。

6.7　配电设备的选择

供配电系统中的电气设备主要包括电力变压器、高低压开关电器、互感器等，均需要依据正常工作条件、环境条件及安装条件进行选择，部分设备还需依据故障情况进行短路电流的动稳定度、热稳定度校验，在保障配供电系统安全可靠工作的前提下，力争做到运行维护方便，技术先进，投资经济合理。

1. 电器设备的选择及校验的一般原则

供配电系统中的电气设备按正常工作条件进行选择，就是考虑电气设备装设的环境条件和

电气要求：环境条件是指电气设备所处的位置（户内或户外）、环境温度、海拔高度以及有无防尘、防腐、防火、防暴等要求；电气要求是指电气设备对电压、电流、频率等方面的要求；对开关电器及保护设备，如开关、熔断器等，还应考虑其断流能力。

电气设备按短路故障进行校验，就是要按最大可能的短路故障（通常为三相短路故障）时的动、热稳定度进行校验。但熔断器和有熔断器保护的电器和导体（如电压互感器等），以及架空线路，一般不需要考虑动稳定度、热稳定度的校验，对电缆也不必进行动稳定度的校验。

在供配电系统中尽管各种电气设备的作用一样，但选择的要求和条件有诸多是相同的。为保证设备安全、可靠的运行，各种设备均应按照正常工作条件下的额定电压和额定电流选择，并按短路故障条件校验其动稳定度和热稳定度。

1）按工作环境要求选择电气设备的型号

工作环境要求有：户内、户外、海拔、环境温度、矿山、防尘、防暴等。

2）按工作电压选择电气设备的额定电压

一般电气设备的额定电压 U_N 应不低于设备安装地点的电网的电压（额定电压）U_{WN}，即

$$U_N \geqslant U_{WN} \tag{6-30}$$

例如在 10 kV 线路中，应选择额定电压为 10 kV 的电气设备；380 V 系统中应选择额定电压为 380 V（0.4 kV）或 500 V 的电气设备。

3）按最大负荷电流选择电气设备的额定电流

导体和电气设备的额定电流是指在额定环境稳定下长期允许通过的电流，以 I_N 表示，该电流应不小于通过设备的最大负荷电流（计算电流）I_{30}，即

$$I_N \geqslant I_{30} \tag{6-2}$$

4）对开关类电气设备还应考虑其断流能力

设备的最大开断电流 I_{OC}（或容量 S_∞）应不小于安装地点的最大三相短路电流 $I_K^{(3)}$（或短路容量 $S_K^{(3)}$），即

$$I_{OC} \geqslant I_K^{(3)} \tag{6-3}$$

或

$$S_{OC} \geqslant S_K^{(3)} \tag{6-4}$$

5）按短路条件校验电气设备的动稳定度和热稳定度

电器设备在短路故障条件下必须具有足够的动稳定度和热稳定度，以保证电气设备在短路故障时不致损坏。

（1）热稳定度校验。通过短路电流时，导体和电器各部件的发热温度不应超过短时发热最高允许温度值，即

$$I_t^2 \geqslant I_\infty^{(3)2} t_{ims} \tag{6-5}$$

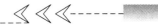

其中
$$t_{ima} \geqslant t_k + 0.05 \text{ s} \tag{6-6}$$

当 $t_k > 1$ s 时,
$$t_{ima} = t_k \tag{6-7}$$

式中,$I_{\infty}^{(3)}$ 为设备安装地点的三相短路稳态电流,单位为 kA;t_{ima} 为短路发热假想时间(又称为短路发热等值时间),单位为 s;t_k 为实际短路事件;I_t 为 t 秒(s)内允许通过的短路电流值或称 t 秒(s)热稳定电流,单位为 kA;t 为设备生产厂家给出的设备热稳定计算时间,一般为 4 s、5 s、1 s 等。I_t 和 t 可查相关的产品手册或者产品样书。

(2)动稳定度校验。动稳定(电动力稳定)是指导体和电器承受短路电流机械效应的能力。满足动稳定度的校验条件是

$$i_{max} \geqslant i_{sh}^{(3)} \tag{6-8}$$

或
$$I_{max} \geqslant I_{sh}^{(3)} \tag{6-9}$$

式中,$i_{sh}^{(3)}$ 为设备安装地点的三相短路冲击电流峰值,单位为 kA;$I_{sh}^{(3)}$ 为设备安装地点的三相短路冲击电流有效值,单位为 kA;i_{max} 为设备的极限通过电流(或称动稳定电流)峰值,单位为 kA;I_{max} 为设备的极限通过电流(或称动稳定电流)有效值,单位为 kA。i_{max} 和 I_{max} 均可由相关产品的手册或样本中查到。

2. 电力变压器的选择(见表 6-5)

表 6-5 毕露各种电力变压器性能比较

项目	类 型				
	矿物油变压器	硅油变压器	六氟化硫变压器	干式变压器	环氧树脂浇注绝缘干式变压器
价格	低	中	高	高	较高
安装面积	中	中	中	大	小
体积	中	中	中	大	小
爆炸性	有可能	可能性小	不爆	不爆	不爆
烯烧性	可燃	难燃	难燃	难燃	难燃
噪声	低	低	低	高	低
耐湿性	良好	良好	良好	弱(无电压时)	良好
防尘性	良好	良好	良好	弱	良好
损耗	大	大	稍小	大	小
绝缘等级	A	A 或 H	E	B 或 H	B 或 F
重量	重	较重	中	重	轻
一般工厂	普遍使用	一般不用	一般不用	一般不用	很少使用
高层建筑地下室	一般不用	可使用	宜使用	不宜使用	

6.7.1 电力变压器的台数选择

选择主变压器台数时应考虑下列原则：

（1）应满足用电负荷对供电可靠性的要求。对拥有大量一、二级负荷的变电所，宜采用两台或以上变压器，以便当一台变压器发生故障或检修时，另一台变压器能对一、二级负荷继续供电。对只有二级而无一级负荷的变电所，也可以采用一台变压器，但必须在低压侧敷设与其他变电所相连的联络线作为备用电源。

（2）对季节性负荷或昼夜负荷变动较大而宜于采用经济运行方式的变电站，也可考虑采用两台变压器。

（3）除上述情况外，一般变电所宜采用一台变压器，但是负荷集中而容量相当大的变电所，虽为三级负荷，也可以采用两台或以上变压器

（4）在确定变电所主变压器台数时，还应适当考虑负荷的发展。留有一定的余量。

习　题

1. 常用照明电光源有哪几种？
2. 为什么要进行负荷接线？
3. 选择导线截面的原则是什么？如何确定？
4. 某建筑工地的用电设备如题1所示表，试计算工地的计算负荷

题表1　某建长工地用电设备

序号	用电设备名称	功率（KW）	台数	备注
1	混凝土搅拌机	10	4	三相
2	灰浆搅拌机	4.5	2	三相
3	起重机	30	2	三相 $\eta = 40\%$
4	电焊机	25	2	单相 $\eta = 40\%$
5	照明	9		单相平均分配

第7章 建筑电气工程图

7.1 阅读建筑电气工程图的基本知识

7.1.1 建筑电气工程施工图

1. 建筑电气工程施工图概念

建筑电气工程施工图，是用规定的图形符号和文字符号表示系统的组成及连接方式、装置与线路的具体的安装位置和走向的图纸。

电气工程图的特点：

（1）建筑电气图大多是采用统一的图形符号并加注文字符号绘制的。

（2）建筑电气工程所包括的设备、器具、元器件之间是通过导线连接起来，构成一个整体，导线可长可短，能比较方便的表达较远的空间距离。

（3）电气设备和线路在平面图中并不是按比例画出它们的形状及外形尺寸，通常用图形符号来表示，线路中的长度是用规定的线路的图形符号按比例绘制。

2. 建筑电气工程图的类别

（1）系统图：用规定的符号表示系统的组成和连接关系，它用单线将整个工程的供电线路示意连接起来，主要表示整个工程或某一项目的供电方案和方式，也可以表示某一装置各部分的关系。系统图包括供配电系统图（强电系统图）、弱电系统图。

供配电系统图（强电系统图）表示供电方式、供电回路、电压等级及进户方式、标注回路个数、设备容量及启动方法、保护方式、计量方式、线路敷设方式。强电系统图有高压系统图、低压系统图、电力系统图、照明系统图等。

弱电系统图是表示元器件的连接关系。包括通信电话系统图、广播线路系统图、共用天线系统图、火灾报警系统图、安全防范系统图、微机系统图。

（2）平面图：是用设备、器具的图形符号和敷设的导线（电缆）或穿线管路的线条画在建筑物或安装场所，用以表示设备、器具、管线实际安装位置的水平投影图。是表示装置、器具、线路具体平面位置的图纸。

强电平面包括：电力平面图、照明平面图、防雷接地平面图、厂区电缆平面图等；弱电部分包括：消防电气平面布置图、综合布线平面图等。

（3）原理图：表示控制原理的图纸，在施工过程中，指导调试工作。

（4）接线图：表示系统的接线关系的图纸，在施工过程中指导调试工作。

3. 建筑电气工程施工图的组成

电气工程施工图纸的组成有：首页、电气系统图、平面布置图、安装接线图、大样图和标准图。

1）首　页

主要包括目录、设计说明、图例、设备器材图表。

（1）设计说明包括的内容：设计依据、工程概况、负荷等级、保安方式、接地要求、负荷分配、线路敷设方式、设备安装高度、施工图未能表明的特殊要求、施工注意事项、测试参数及业主的要求和施工原则。

（2）图例：即图形符号，通常只列出本套图纸中涉及的图形符号，在图例中可以标注装置与器具的安装方式和安装高度。

（3）设备器材表：表明本套图纸中的电气设备、器具及材料明细。

2）电气系统图

指导组织定购，安装调试。

3）平面布置图

指导施工与验收的依据。

4）安装接线图

指导电气安装检查接线。

5）标准图集

指导施工及验收依据。

7.1.2　电气工程图的识读

1. 常用的文字符号

图纸是工程"语言"，这种"语言"是采用规定符号的形式表示出来，符号分为文字符号及图形符号。熟悉和掌握"语言"是十分关键的。对了解设计者的意图、掌握安装工程项目、安装技术、施工准备、材料消耗、安装机器及安排、工程质量、编制施工组织设计、工程施工图预算（或投标报价）意义十分重大。

电气工程图常用的文字符号（见表1-1）有：

（1）表示相序的文字符号。

（2）表示线路敷设方式的文字符号。

（3）表示敷设部位的文字符号。

（4）表示器具安装方式的文字符号。

（5）线路标注的文字符号

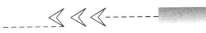

2. 电气工程图常用的图形符号

见模拟项目电施 D-02　图例符号

表 7-1　电气工程图常用的文字符号

名　称	符　号	说　明
线路敷设方式	SR	用钢线槽敷设
相序	A B C N	A 相（第一相）涂黄色 B 相（第二相）涂绿色 C 相（第三相）涂红色 N 相为中性线涂黑色
线路敷设方式	E C SR SC TC CP PC FPC CT	明敷 暗敷 沿钢索敷设 穿水煤气钢管敷设 穿电线管敷 穿金属软管敷设 穿硬塑料管 穿半硬塑料管 电缆桥架敷设
敷设部位	F W B CE BE CL CC ACC	沿地敷设 沿墙敷设 沿梁敷设 沿天棚敷设或顶板敷设 沿屋架或跨越屋架敷设 沿柱敷设 暗设天棚或顶板内 暗设在不能进入的吊顶内
器具安装方式	CP CP1 CP2 Ch P W S R CR WR SP CL HM T	线吊式 固定线吊式 防水线吊式 链吊式 管吊式 壁装式 吸顶或直敷式 嵌入式（嵌入不可进入的顶棚） 顶棚内安装（（嵌入可进入的顶棚）） 墙壁内安装 支架上安装 柱上安装 座装 台上安装
线路的标注方式	WP WC WL WEL	电力（动力回路）线路 控制回路 照明回路

		事故照明回路

3. 读图的方法和步骤

1）读图的原则

就建筑电气施工图而言，一般遵循"六先六后"的原则。即：先强电后弱电、先系统后平面、先动力后照明、先下层后上层、先室内后室外、先简单后复杂。

2）读图的方法及顺序（见图7-1）

（1）看标题栏：了解工程项目名称内容、设计单位、设计日期、绘图比例。

（2）看目录：了解单位工程图纸的数量及各种图纸的编号。

（3）看设计说明：了解工程概况、供电方式以及安装技术要求。特别注意的是有些分项局部问题是在各分项工程图纸上说明的，看分项工程图纸时也要先看设计说明。

（4）看图例：充分了解各图例符号所表示的设备器具名称及标注说明。

（5）看系统图：各分项工程都有系统图，如变配电工程的供电系统图，电气工程的电力系统图，电气照明工程的照明系统图，了解主要设备、元件连接关系及它们的规格、型号、参数等。

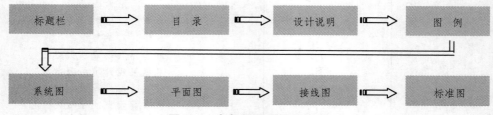

图 7-1 电气工程图读图顺序

（6）看平面图：了解建筑物的平面布置、轴线、尺寸、比例，各种变配电设备、用电设备的编号、名称和它们在平面上的位置，各种变配电设备起点、终点、敷设方式及在建筑物中的走向。

（7）读平面图的一般顺序（见图7-2）。

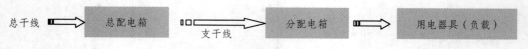

图 7-2 读平面图的一般顺序

（8）看电路图、接线图：了解系统中用电设备控制原理，用来指导设备安装及调试工作，在进行控制系统调试及校线工作中，应依据功能关系从上至下或从左至右逐个回路地阅读，电路图与接线图端子图配合阅读。

（9）看标准图：标准图详细表达设备、装置、器材的安装方式方法。

（10）看设备材料表：设备材料表提供了该工程所使用的设备、材料的型号、规格、数量，是编制施工方案、编制预算、材料采购的重要依据。

4. 读图注意事项

就建筑电气工程而言，读图时应注意如下事项：

（1）注意阅读设计说明，尤其是施工注意事项及各分部分项工程的做法，特别是一些暗设线路、电气设备的基础及各种电气预埋件更与土建工程密切相关，读图时要结合其他专业图纸阅读；

（2）注意系统图与系统图对照看，例如：供配电系统图与电力系统图、照明系统图对照看，核对其对应关系；系统图与平面图对照看，电力系统图与电力平面图对照看，照明系统图与照明平面图对照看，核对有无不对应的错误。看系统的组成与平面对应的位置，看系统图与平面图线路的敷设方式、线路的型号、规格是否保持一致；

（3）注意看平面图的水平位置与其空间位置；

（4）注意线路的标注、注意电缆的型号规格、注意导线的根数及线路的敷设方式；

（5）注意核对图中标注的比例。

7.2 建筑电气工程图施工图实例

1. 模拟项目图纸组成

（1）设计说明（电施 D-01），如图 7-4 所示。

（2）图例（电施 D-02），如图 7-5 所示。

（3）系统图（系统图一：电施 D-03）（系统图三：电施 D-04）（系统图二：电施 D-05）（系统图四：电施 D-06），如图 7-6 ~ 图 7-9 所示。

（4）电气平面图有:地下室动力平面图（电施 D-07）、一层动力平面图（电施 D-08）、地下室照明平面图（电施 D-09）、一层照明平面图（电施 D-10）、二层照明平面图（电施 D-11），如图 7-10 ~ 图 7-14 所示。

2. 电力系统的组成

由总电源箱 APD-1、应急电源箱 APD-2、动力配电箱 AP1-1、照明配电箱 ALD、照明配电箱 AL1、照明配电箱 AL2 组成。

3. 总干线

总进线（进户电源线）为铠装聚氯乙烯绝聚氯乙烯护套电力电缆，电缆的规格是 VV22-3×50 + 2×25，敷设方式为户外直埋方式。

4. 配电系统识读

1）系统图一（电施 D-03）
由 APD-1 引出三条回路；

W1 引至 AP1-1，采用镀锌电气导管 DN40 敷设，管内穿 5 根 BV-10 mm^2 线；

W2 引至 APD-2，采用镀锌电气导管敷设 DN50，管内穿 3 根 BV-35 mm^2 线与 2 根 BV-25 mm^2 线；

W3 引至 AL-1，采用半硬阻燃导管敷设 DN32，管内穿 3 根 BV-10 mm^2 线。

2）系统图二（电施 D-04）

由 AP1-1 引出两条回路：

W1 引至变频给水设备控制箱；

W2 为备用回路。

3）系统图三（电施 D-05）

由 APDⅡ引出五条回路：

W1、W2 两条回路引至消防泵控制箱；

W3 引至消防补水泵；

W4 引至排污泵；

W5 引至 ALD，采用镀锌电气导管敷设 DN25，管内穿 3 根 BV-6 mm^2 线。

由 ALD 引出两条回路：

W1 照明回路，半硬塑料管管内穿 2 根 BV-2.5 mm^2 线；

W2 为备用回路。

4）系统图四（电施 D-06）

由 AL1 断路器的进线侧引出一条回路作为 AL2 的电源进线，半硬塑料管 DN32，管内穿 BV-10 mm^2 线。

由 AL1 引出两条回路：

W1 照明回路，管内穿 2 根 BV-2.5 mm^2 线。

W2 为备用回路。

由 AL2 引出四条回路：

W1、W2 照明回路，采用刚性塑料管敷设 DN15，管内穿 2 根 BV-2.5 mm^2 线；

W3、插座回路，采用刚性塑料管敷设 DN15，管内穿 3 根 BV-2.5 mm^2 线。

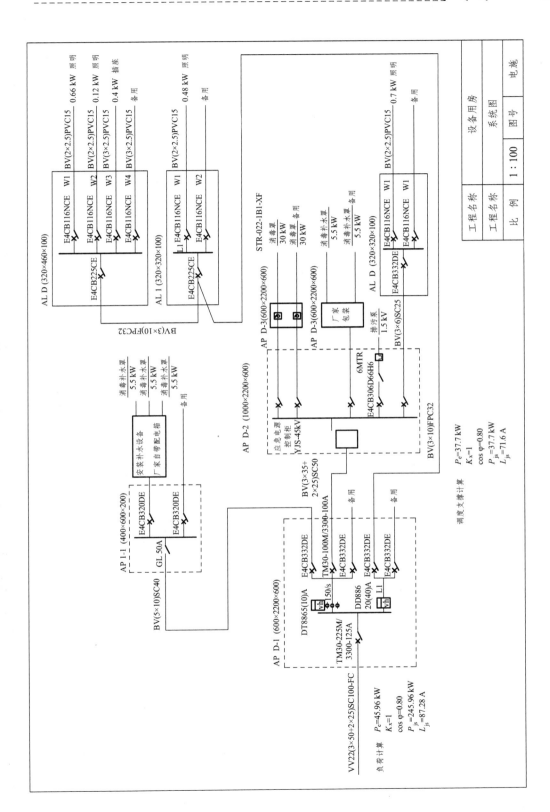

图 7-3 　系统图

133

设计说明：

一、设计依据：

1.民用建筑电气设计规范《JGJ/T16-92》

二、供配电系统：

1.供配电系统采用3N~50 Hz, 380/220 V引自厂区变电所（亭），采用TN-C-S接地方式电系统采用3N~50 Hz, 380/220 V引自厂区变电所（亭），采用TN-C-S接地方式

2.进户线采用VV22铜芯电缆，其他均采用BV-500铜芯塑料线，共70 m。

3.进户动力线采用镀锌铜管暗敷，其他均采用阻燃塑料管暗敷。

4.图中未标注截面及根数者为2.5 mm²，两根，未标管径者2~4根线为FPC15，5~6根线为FPC15（内径）。

工程名称		设备用房
工程名称		系统图一
比 例	1：100	图号	电施D-D1

图 7-4　设计说明

134

图 例 符 号

序号	符号	名称	型号及规格	备注
1		双管荧光灯	2×40 w	链吊，距地2.8 m
2		防水防尘灯	100 w	吸顶式，车库
3		墙座灯头	40 w	距地2.2 m
4		吸顶灯	60 w	吸顶式
5		防水圆球吸顶灯	60 w	吸顶式
6		开关		距地1.3 m
7		单相二、三孔安全插座		距地0.3 m
8		配电箱		底边距地1.5 m，嵌入式
9				
10				
11				

注：灯具型号及厂家由用户自行选择确定

工程名称		设备用房	
工程名称		系统图一	
比 例	1：100	图号	电施D-D2

图 7-5 图例说明

135

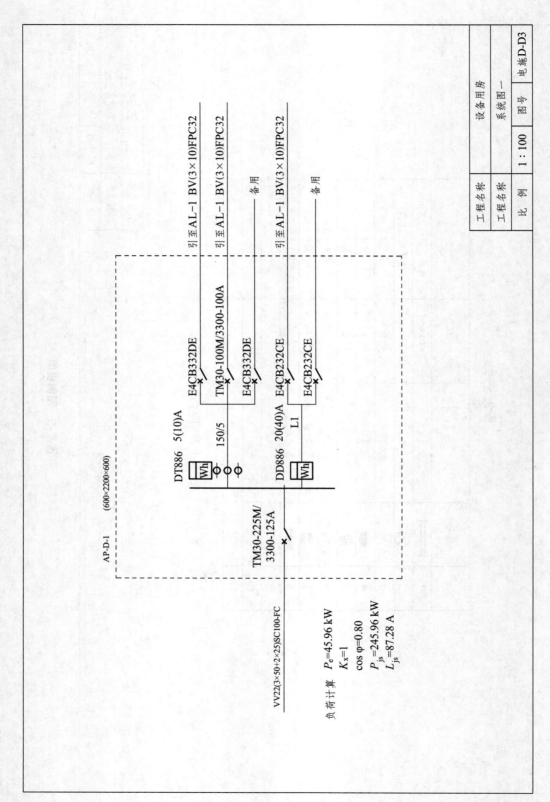

图 7-6 系统图一

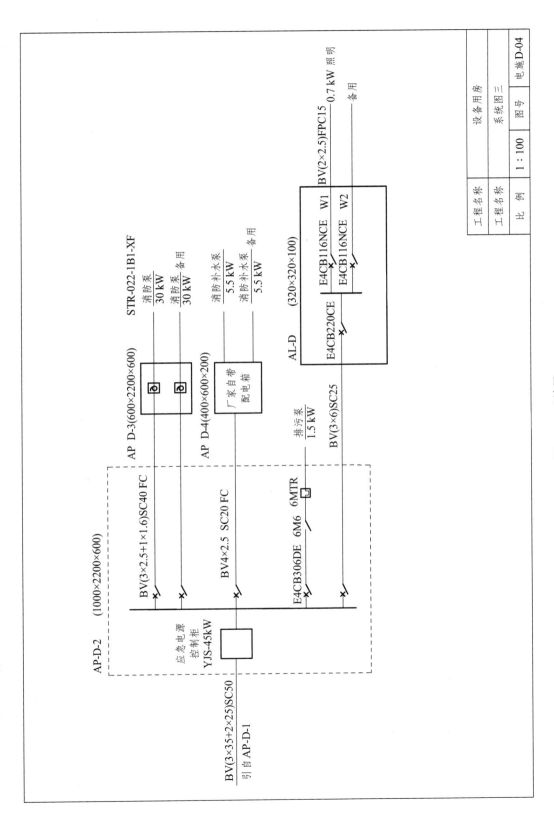

图 7-7 系统图三

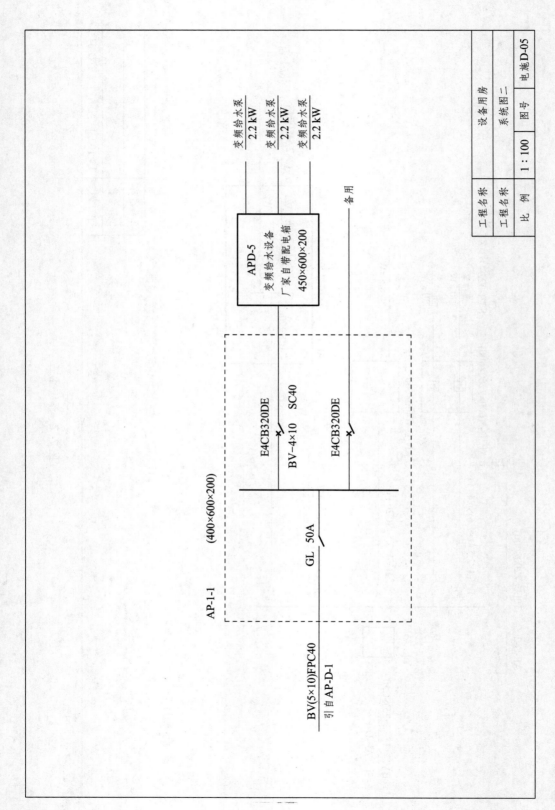

图 7-8 系统图二

工程名称	设备用房
工程名称	系统图二
比 例	1 : 100	图号	电施 D-05

138

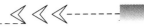

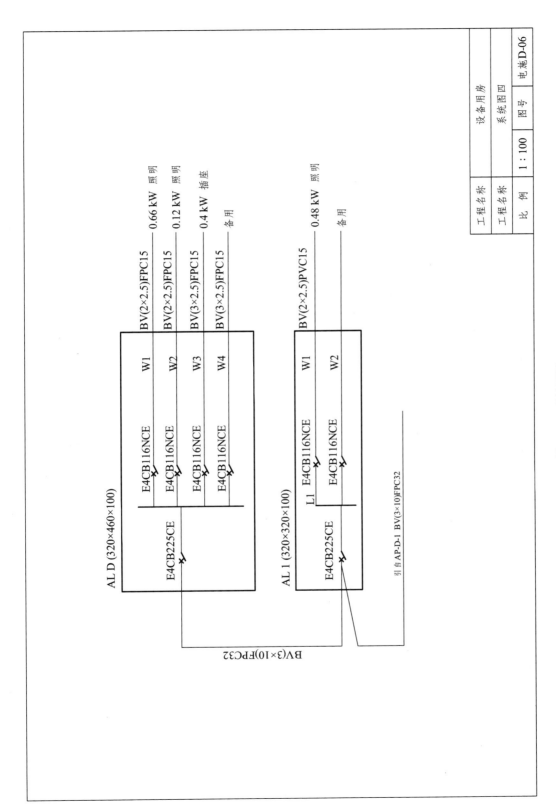

图 7-9　系统图四

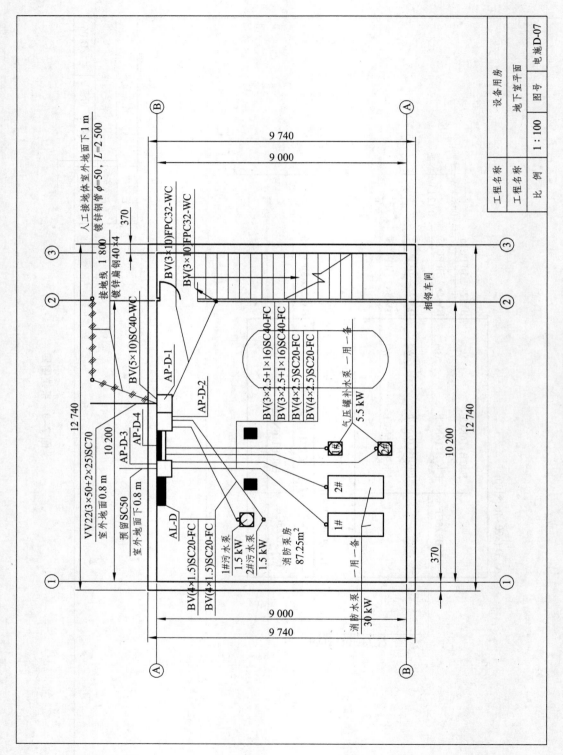

图 7-10 地下室平面

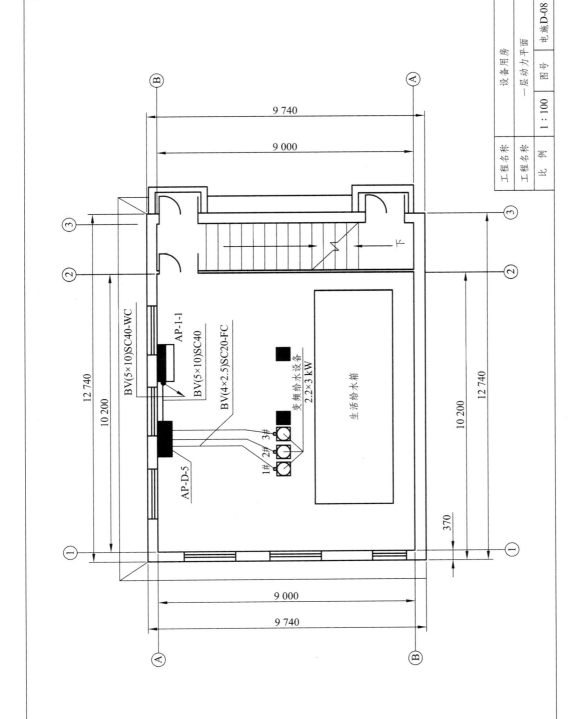

图 7-11 一层动力平面

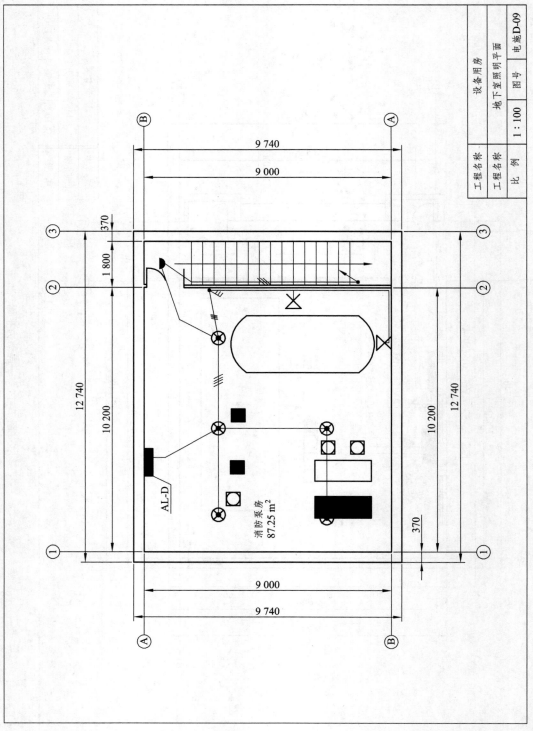

图 7-12　地下室照明平面

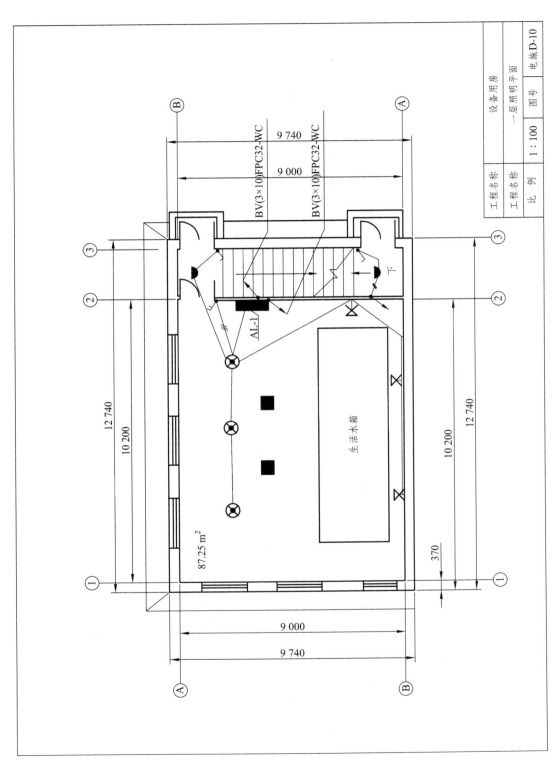

图 7-13　一层照明平面

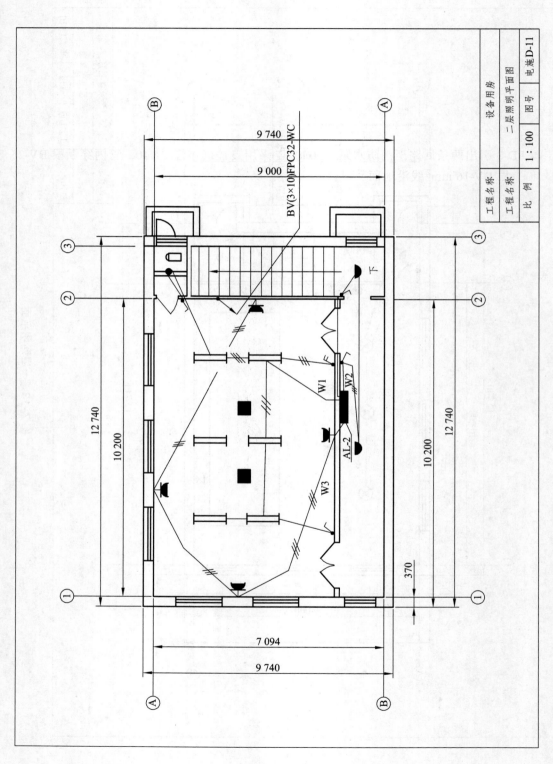

图 7-14　二层照明平面

7.3　建筑电气平面图

1．地下室动力平面

图 7-10 中表示的内容是：配电箱、电动设备的具体的位置、电气线路的走向及敷设部位。

例如：从 APD-2 引出的两条回路至污水泵（1.5 kW）采用镀锌钢导管 DN20 管内穿 4 根 BV-1.5 mm² 线，沿地面敷设。

从 APD-3 引出两条回路至消防水泵（30 kW）采用镀锌钢导管 DN40，管内穿 3 根 BV-25 mm² 线和 1 根 BV-16 mm² 线沿地面敷设。

地下室照明平面图表示出接地装置安装的具体的平面位置，人工接地体为 DN50 的镀锌钢管，长度为 2.5 m；接地线采用-40×4 的镀锌扁钢，埋深地下 1 m。

2．地下室照明平面图

地下室平面图 7-12 中表示出地下室照明配电箱 ALD 的安装位置，从图中可知地下室的灯具有防水防尘灯、座灯头、半圆吸顶灯、一个暗装三联单控开关。灯具的电源从 ALD 引出，经开关分别控制防水灯及座灯头，并从半圆吸顶灯位盒（或接线盒）处引出一条回路至 1 层。其余图示如图 7-15 ~ 图 7-19 所示。

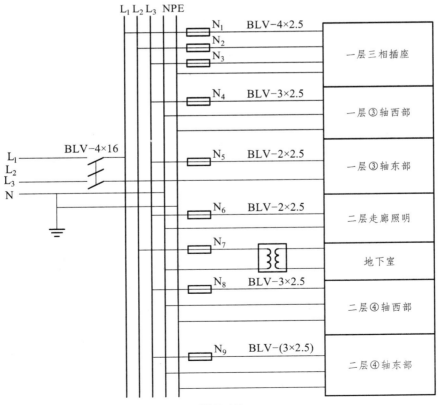

图 7-15

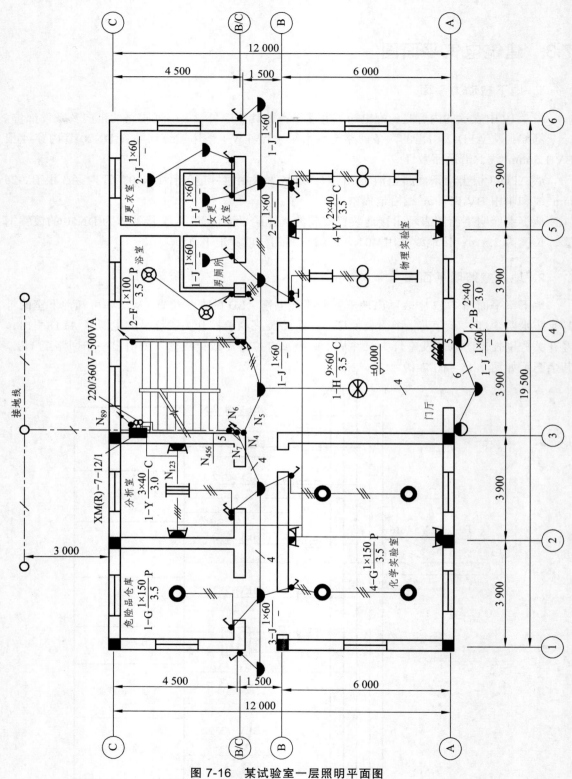

图 7-16 某试验室一层照明平面图

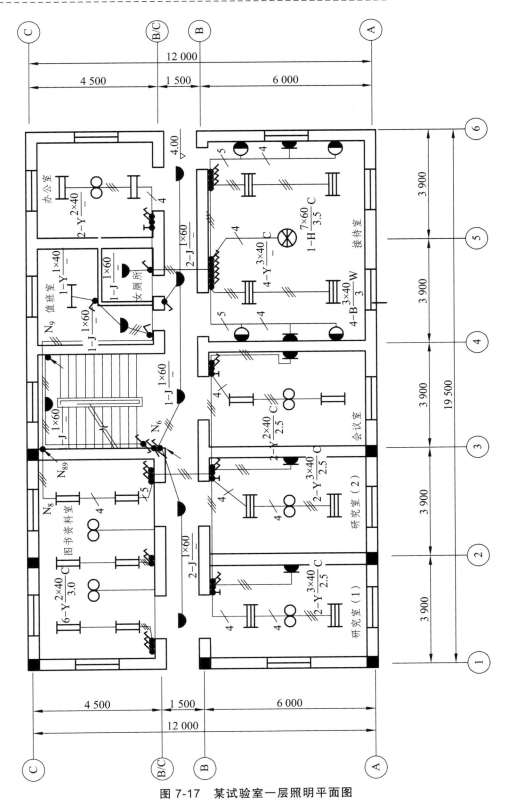

图 7-17 某试验室一层照明平面图

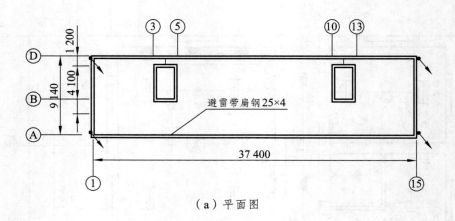

（a）平面图

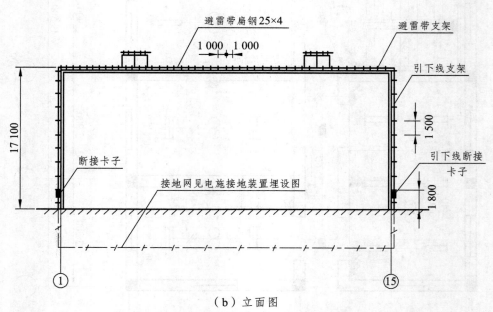

（b）立面图

图 7-18　住宅楼建筑防雷平面图、立面图

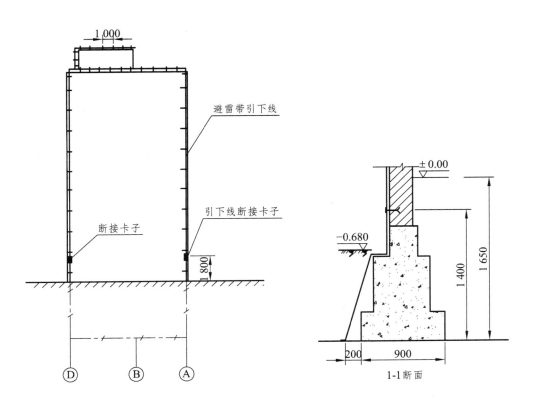

1-1 断 面

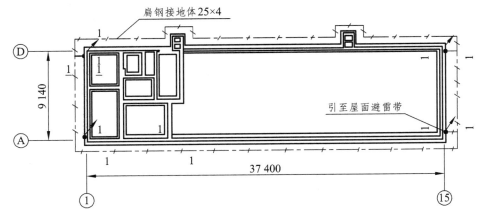

图 7-19 住宅建筑接地平面图

第8章　智能化建筑

8.1　火灾自动报警系统概述

火灾自动报警灭火系统是将报警与灭火联动并加以控制的系统。为了及时发现火灾隐患和扑灭火灾，电力系统防火重点保护场所已采用火灾自动报警灭火系统。一旦发生火灾，自动报警装置动作，以声光信号发出警报，指示出发生火灾的部位，记录发生火灾的时间，控制装置发出指令性动作，自动（或手动）启动灭火装置进行消防。以及时扑灭火灾，减小火灾损失。

8.1.1　火灾自动报警系统的种类

目前在工程应用中火灾自动报警系统主要有控制中心报警系统、区域报警系统和集中报警系统三种基本形式。

1. 控制中心报警

它是由火灾探测器手动火灾报警按钮、区域火灾报警控制器、集中火灾报警控制器以及消防控制设备等组成。一般情况下，在控制中心报警系统中，集中火灾报警控制器是设在消防控制设备内，组成消防控制装置。

2. 区域报警系统

它是由火灾探测器或手动火灾报警按钮以及区域火灾报警控制器组成，适用于较小范围的保护。

3. 集中报警系统

它是由火灾探测器或手动火灾报警按钮以及区域火灾报警控制器和集中火灾报警控制器等组成，适用于较大范围内多个区域的保护。该系统的容量越大，所要求输出的控制程序越复杂，消防设施控制功能越全，发展到一定程度便构成为消防控制中心系统。在具体工程中采用何种报警系统，可根据工程建设规模、保护工程的性质、火灾报警区域的划分和消防管理机构的组织形式等因素综合考虑后确定。

8.1.2　火灾自动报警系统的组成

火灾自动报警系统是由触发器件、火灾报警装置以及具有其他辅助功能的装置组成的火灾报警系统。它能够在火灾初期，将燃烧产生的烟雾、热量和光辐射等物理量，通过感温、感烟和感光等火灾探测器变成电信号，传输到火灾报警控制器，并同时显示出火灾发生的部位，记录火灾发生的时间。一般火灾自动报警系统和自动喷水灭火系统、室内消火栓系统、防排烟系统、通风系统、空调系统、防火门、防火卷帘、挡烟垂壁等相关设备联动，自动或手动发出指令，启动相应的防火灭火装置。

触发器件指在火灾自动报警系统中，自动或手动产生火灾报警信号的器件。主要包括火灾探测器和手动报警按钮。火灾探测器是能对火灾参数（如烟、温、光、火焰辐射、气体浓度等）响应，并自动产生火灾报警信号的器件，按照响应火灾参数的不同，火灾探测器分成感温火灾探测器、感烟火灾探测器、感光火灾探测器、可燃气体探测器和复合火灾探测器五种基本类型。不同类型的火灾探测器适用于不同类型的火灾和不同的场所。手动火灾报警按钮是手动方式产生火灾报警信号、启动火灾自动报警系统的器件，也是火灾自动报警系统中不可缺少的组成部分之一。

（1）火灾报警装置：在火灾自动报警系统中，用以接受、显示和传递火灾报警信号并能发出控制信号和具有其他辅助功能的控制指示设备称为火灾报警装置。火灾报警控制器就是其中最基本的一种。火灾报警控制器担负着为火灾探测器提供稳定的工作电源，监视探测器及系统自身的工作状态，接受、转换、处理火灾探测器输出的报警信号，进行声光报警，指示报警的具体部位及时间，同时执行相应辅助控制等任务，是火灾报警系统中的核心组成部分。

（2）消防控制设备：在火灾自动报警系统中，当接收到来自触发器件的火灾报警信号后，能自动或手动启动相关消防设备并显示其状态的设备，称为消防控制设备。主要包括火灾报警控制器，自动灭火系统的控制装置，室内消火栓系统的控制装置，防烟排烟系统及空调通风系统的控制装置，常开防火门、防火卷帘的控制装置，电梯回降控制装置，以及火灾应急广播、火灾警报装置、消防通信设备、火灾应急照明与疏散指示标志的控制装置等十类控制装置中的部分或全部。消防控制设备一般设置在消防控制中心，以便于实行集中统一控制，也有的消防控制设备设置在被控消防设备所在现场（如消防电梯控制按钮），但其动作信号则必须返回消防控制室，实行集中与分散相结合的控制方式。

（3）电源：火灾自动报警系统属于消防用电设备，其主电源应当采用消防电源，备用电源采用蓄电池。系统电源除为火灾报警控制器供电外，还为与系统相关的消防控制设备等供电。

随着科学技术的发展，火灾报警系统的组成和功能，也不是一成不变的，只有单一功能的火灾报警控制器、防盗报警器和节能控制器等，将不再由行业、使用场所人为地区分成不同的系列、不同的产品，而是按照技术上、使用上的内在联系和差异来划分。尤其是随着计算机技术的飞速发展，将综合成一个整体，即成为报警控制系统（器），报警后都能按需要输出一定程序的控制机能，启动相应的设施。

8.2 火灾自动报警系统工作原理

火灾自动报警系统是由触发装置、火灾报警装置以及具有其他辅助功能装置组成的，它具有能在火灾初期将燃烧产生的烟雾、热量、火焰等物理量，通过火灾探测器变成电信号，传输到火灾报警控制器，并同时显示出火灾发生的部位、时间等，使人们能够及时发现火灾，并及时采取有效措施，扑灭初期火灾，最大限度地减少因火灾造成的生命和财产的损失，是人们同火灾做斗争的有力工具。火灾自动报警系统原理图在网上并不多见，如图 8-1 所示就是国内常

见的树形布线火灾自动报警系统原理图。

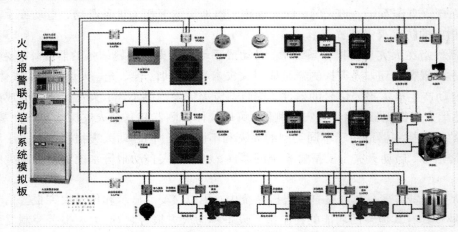

图 8-1　树形布线火灾自动报警系统原理图

消防灭火系统主要分为水灭火系统和气体灭火系统两种。在现代火灾自动报警与消防联动控制系统中，灭火系统应受到消防报警中心的控制和监视，以提高灭火系统的可靠性。

8.2.1　水灭火系统

水灭火系统由室内消火栓系统和自动喷水灭火系统两部分构成，有时也包括水幕系统。

1. 室内消火栓系统

室内消火栓是建筑防火设计中应用最普遍最基本的消防设施。在灭火时，接于消火栓的水枪充实核心段的水射流不应小于 10 m~13 m，这就要求火灾发生时消防系统能提供足够的水压，通常由消防泵房的消防泵来实现。

在每个消火栓内设置一个击破玻璃按钮，当消防人员到场拿起喷水枪并伸展水带准备喷水时启动报警按钮，信号被火灾报警控制器接收后自动启动消防泵；也有击破玻璃按钮信号直接传输到水泵控制柜启动消防泵，这要依据火灾自动报警系统的大小来定。

2. 自动喷水灭火系统

自动洒水喷头是自动喷水灭火系统的关键部件，喷头内配有感温元件，通常是易熔合金或玻璃泡。当火灾发生时，高温使易熔合金熔化或使玻璃泡破碎，该信号使喷头水路打开而自动喷洒。这种喷头称为闭式洒水喷头，使用这种喷头的管路各段总是充有一定压力的水。还有一种叫开式洒水喷头，喷头内不配有感温元件，水路总是开着，而由管道中的控制阀控制喷头，平时阀后没有水。

自动喷水灭火系统的类型有湿式、干式、干湿交替式、预作用式和淋式等。

1）湿式自动喷水灭火系统

湿式自动喷水灭火系统由湿式报警装置、闭式喷头和管道组成。该系统的特点是所有管道内均常年充满压力水，一旦发生火灾，喷头动作后立即喷水。

闭式洒水喷头在系统中起定温探测的作用，喷头的热元件在火灾热环境中升温至动作温度时动作，有自动探测火灾的功能，热元件动作后，释放机构脱落，压力水开启喷头进行喷洒灭火。

利用喷头开放喷水后管道内形成水压差使水流动并驱动水流指示器、湿式报警阀、水力警铃和压力开关等动作，实现就地和远程自动报警。

湿式自动喷水系统受环境温度的影响较大，低温环境会使水结冰，高温环境会使管道内的压力增大，二者都会对处于准工作状态下的系统产生破坏作用。另外喷洒过程只能靠喷头在一定温度下自动动作，无法实现人员干预的紧急启动。喷头如不动作，则将无法实现自动喷水灭火。如图 8-2 所示是湿式自动喷水灭火系统示意图。

系统的专用组件包括闭式洒水喷头，水流指示器和湿式报警阀组。湿式报警阀组由湿式报警阀、延迟器、水力警铃、压力开关、显示启闭状态的控制阀、试水装置、放水试验阀和压力表等组成。

试水装置是用于检验湿式报警阀与压力开关状态是否正常的装置。

系统的配水管道由配水支管、配水管和配水干管组成，配水支管用于直接安装喷头，配水管是向配水支管供水的管道，向配水管供水的管道称为配水干管。

系统中的末端试水装置设于系统保护的每个防火分区和楼层中配水管道最末端喷头处，用于检验最不利点处喷头的工作压力、流量与水流指示器的灵敏性等。

系统除包含图 8-2 所示的设施外还包含有排气阀、泄水阀、排污口、泄压阀、减压设施等。

系统供水可采用高压给水系统或临时高压给水系统，当采用临时高压给水系统时，系统应设主供水泵和稳压设施。稳压设施是为了保证系统的管道在准工作状态时充满压力水，通常采用高位消防水箱、稳压水泵或气压给水装置。

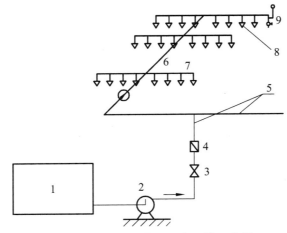

图 8-2　湿式自动喷水灭火系统示意图

1—水池；2—水泵；3—总控制阀；4—干式报警器；5—配水干管；6—配水管；
7—配水支管；8—闭式喷头；9—末端试水装置

如设有高位水箱通常要设置水箱水位控制装置以控制水位恒定。可采用压力开关或浮球液位开关来控制给水泵。

当采用稳压水泵来保证管道水压恒定时,管道上的压力开关控制稳压泵的启停。现在通常采用压力表的模拟信号来控制变频器的输出,使稳压泵的转速随压力大小而调整,以保证水压稳定。所有消防泵的供电应采用双路电源供电。系统的工作流程如图8-3所示。

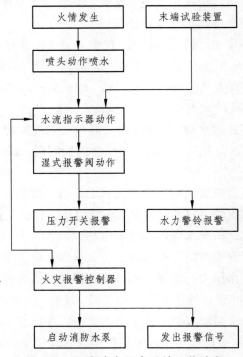

图 8-3　湿式喷水灭火系统工作流程

火灾报警控制器还应监视电源和消防水泵的工作状态、消防水池和高位水箱的水位状态。

2）干式自动喷水系统

干式自动喷水系统由干式报警装置、闭式喷头、管道和充气设备等组成。干式自动喷水系统在准工作状态时报警阀的上部管道内充以有压气体,这样就避免了低温或高温环境时对系统的危害。

喷头动作后管道内的气流驱动水流指示器、报警阀在入口水压作用下开启,随后管道内排气充水,喷头喷洒灭火。从喷头动作到喷头喷水有一段滞后时间,其他与湿式喷水系统相同。如图8-4为干式喷水灭火系统示意图。

3）预作用自动喷水灭火系统

预作用自动喷水灭火系统是由火灾探测系统、闭式喷头、预作用阀和充以有压或无压气体的管道组成。该系统的管道中平时无水,发生火灾时火灾探测系统检测到火灾信号并确认后由火灾报警控制器控制预作用阀开启,并启动喷淋泵系统开始排气充水,转为湿式系统,保证系统的喷头在高热动作后自动喷水灭火。

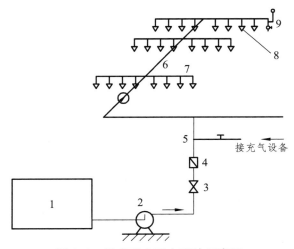

图 8-4　干式喷水灭火系统示意图

1—水池；2—水泵；3—总控制阀；4—干式报警器；5—配水干管；6—配水管；
7—配水支管；8—闭式喷头；9—末端试水装置

4）雨淋自动喷水灭火系统

雨淋自动喷水灭火系统由火灾探测系统、开式喷头、雨淋阀和管道等组成。发生火灾时，管道内给水是由火灾自动报警控制器开启雨淋阀来实现，并设有手动开启阀门装置。采用开式洒水喷头，系统启动后由雨淋阀控制一组喷头同时喷水。在自动喷水灭火系统中火灾报警控制器应监视下列设施的工作状态：

控制阀开启状态；

消防水泵电源和水泵工作状态；

水池、水箱水位；

干式、预作用系统有压充气管道的气压；

水流指示器、压力开关动作情况。

3. 水幕系统

水幕系统不是灭火设施，而是用于防火分隔或配合分隔物使用的防火设施，包括防火分隔水幕和防护冷却水幕两种类型。

用密集喷洒形成的水墙或水帘代替防火墙，用于隔断空间、封堵门窗孔洞，起阻挡热烟气流扩散、火灾蔓延、热辐射作用的为防火分隔水幕。

防火卷帘作为一种分隔建筑空间的分隔物，达不到防火墙的耐火性能要求，应配有能保障其耐火完整性和隔热性的水幕，才能代替防火墙。这种配合防火卷帘等分隔物进行防火分隔的水幕，为防护冷却水幕。

水幕系统采用开式洒水喷头或水幕喷头，由喷头、管道和控制水流的阀门组成，水幕系统可采用自动控制或手动控制方式启动，采用自动控制方式启动的系统应设雨淋阀，由火灾自动报警控制器控制开启。

8.2.2 气体自动灭火系统

气体自动灭火系统通常采用二氧化碳灭火剂或卤代烷灭火剂。系统由灭火剂贮存瓶组、液体单向阀、集流管、选择阀、压力讯号器、管网和喷嘴以及阀驱动装置等组件组成。不同形式的气体灭火系统所含系统组件不完全相同。

当采用气体灭火系统保护的防护区发生火灾时，火灾探测器探测到火灾信号并经确认后，火灾报警控制器将控制信号发送给气体灭火控制盘，灭火控制盘启动开口关闭装置、通风机等联动设备，并延时启动阀驱动装置，将灭火剂贮存装置的选择阀门同时打开，将灭火剂施放到防护区进行灭火。灭火剂施放时压力讯号器给出动作反馈信号，通过灭火控制盘再发出施放灭火剂的声光报警信号。如图 8-5 所示为卤代烷气体自动灭火系统示意图。

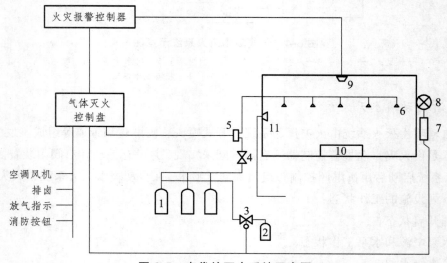

图 8-5 卤代烷灭火系统示意图

1—气瓶；2—启动压力瓶；3—电磁阀；4—选择阀；5—压力开关；6—喷头；7—手动操纵装置；
8—放气信号灯；9—报警器；10—被保护物；11—报警喇叭

由图 8-5 可见，气体自动灭火系统主要由灭火控制盘、灭火剂贮存装置、选择阀、喷嘴和管道构成。

灭火控制盘与消防中心的火灾报警控制器相连，接受火灾报警控制器的控制信号并予以实施。

灭火剂贮存装置一般由灭火剂及其贮存容器、容器阀、单向阀和集流管组成，用于贮存灭火剂和控制灭火剂施放。

选择阀用来控制灭火剂经管网释放到预定防护区域或保护对象的阀门。选择阀和防护区一一对应。选择阀有电动式和气动式两种，无论哪种启动方式的选择阀均设有应急手动操作机构，以备自动控制失灵时，仍能将选择阀打开。

喷嘴是用来控制灭火剂的流速和喷射方向的组件。

气体灭火系统一般适用于下列一些典型场所：

大、中型电子计算机房；

大、中型通讯机房或电视发射塔微波室；

贵重设备室；

文物资料珍藏库；

大、中型图书馆和档案库；

发电机房、油浸变压器室、变电室、电缆隧道或电缆夹层等电气危险场所。

显然上述部位都是不适于水灭火的部位。

8.3　火灾探测器

火灾探测器按探测火灾参量的不同可分为感烟式、感温式、感光式、可燃气体探测式和复合式五种主要类型。

感烟式火灾探测器对燃烧中产生的固体或液体微粒予以响应，可以探测物质初期燃烧所产生的气溶胶或烟雾粒子浓度。气溶胶或烟雾粒子可以减小探测器电离室的离子电流，改变光强，改变空气电容器的介电常数或改变半导体的某些性质，因此感烟火灾探测器又可分为离子型、光电型、电容式或半导体型等类型。

感温火灾探测器响应异常温度、温升速率和温差等火灾信号。其结构简单，与其他类型的探测器相比，可靠性高，但灵敏度较低。常用的有定温型（环境温度达到或超过设定值时响应）、差温型（环境温度上升速率超过预定值时响应）和差定温型（兼有差温、定温两种功能）三种。感温火灾探测器使用的敏感元件主要有热敏电阻、热电偶、双金属片、易熔金属、膜盒和半导体材料等。

感光火灾探测器又叫火焰探测器，主要对火焰辐射出的红外光、紫外光、可见光予以响应。常用的有红外火焰型和紫外火焰型两种。

气体火灾探测器主要用于易燃易爆场所探测可燃气体、粉尘的浓度，一般调整在爆炸浓度下限的 1/5 ~ 1/6 时动作报警。其主要传感元件有铂丝、铂钯和金属氧化物半导体等几种。可燃气体探测器主要用于厨房或燃气储备间、汽车库、溶剂库等存在可燃气体的场所。

复合式火灾探测器是可以响应两种或两种以上火灾参数的火灾探测器，主要有感温感烟型、感光感烟型、感光感温型等。

探测器如果按其结构造型分类的话又可分为点型和线型两大类。

8.3.1　离子感烟探测器

离子感烟探测器是目前应用最广泛的一种探测器。它是利用烟雾粒子改变电离室电离电流的原理制成的，如图 8-6 所示。两个极板分别接在电源的正负极上，在电极之间放有 α 粒子放射源镅-241，它持续不断的放射出 α 粒子，α 粒子以高速运动撞击极板间的空气分子，使空气分子电离为正离子和负离子（电子），这样电极之间原来不导电的空气具有了导电性，实现这个过程的装置称为电离室。在电场作用下，正负离子有规则的运动形成离子电流。当火灾发生时，烟雾粒子进入电离室后，电离产生的正离子和负离子被吸附在烟雾粒子上，使正负离子相

互中和的概率增加，这样就使到达电极的有效离子数减少；另一方面，由于烟雾粒子的作用，α 射线被阻挡，电离能力降低，电离室内产生的正负离子的数量也减少，这两者都导致电离电流减少，因此只要能检测到离子电流的变化就可检测到火灾是否发生。

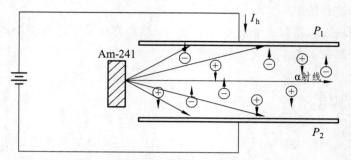

图 8-6 离子感烟探测器工作原理

如图 8-7 所示为双源式感烟探测器的电路原理和工作特性，开室结构的检测电离室和闭室结构的补偿电离室反向串联。当检测室因烟雾作用而使离子电流减小时，相当于该室极板间等效阻抗加大，而补偿室的极板间等效阻抗不变，则施加在两电离室上的电压分压 U_1 和 U_2 发生变化，如图 8-7（b）所示。无烟雾时，两个电离室电压分压 U_1、U_2 都等于 12 V，当烟雾使检测室的电离电流减小时，等效阻抗增加，U_1 减小为 U_1'，U_2 增加为 U_2'，$U_1' + U_2' = 24$ V。开关电路检测 U_2 电压，当 U_2 增加到某一定值时，开关控制电路动作，发出报警信号，此信号传输给报警器，实现了火灾自动报警。

上例中两个电离室各有一个 α 离子发射源，称为双源式离子感烟探测器。这种探测器在我国已大量生产并广泛应用。但目前一种单源双室式离子感烟探测器正在逐渐取代双源双室式感烟探测器。单源式离子感烟探测器的工作原理与双源式基本相同，但结构形式不同。如图 8-8 所示为单源双室离子感烟探测器结构示意和工作特性图。单源双室感烟探测器的检测电离室与参考电离室比例相差较大，补偿室小，检测室大。两室基本是敞开的，气流互通。检测室与大气相通，而补偿室则通过检测室间接与大气相通。两室共用一个放射源，

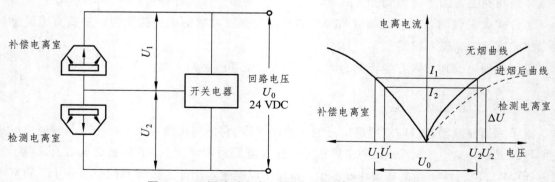

图 8-7 双源式感烟探测器电路原理和工作特性

放射源发射的 α 射线先经过参考电离室，然后穿过位于两室中间电极上的一个小孔进入检测室。两室中的空气部分被电离，各形成空间电荷区。因为放射源的活度是一定的，中间电极

上的小孔面积也是一定的，从小孔进入检测室的 α 离子也是一定的，在正常情况下，它不受环境影响，因此电离室的电离平衡是稳定的，图 8-8（b）中Ⓐ为检测电离室的特性曲线，Ⓒ为参考电离室的特性曲线。ⒶⒸ交点处的电压 U_0 为中间电极对地电压，U_i 为内部电极与中间电极之间的电位差。$U_0 + U_i = U_S$。当火灾发生时，烟雾粒子进入检测电离室，使检测室空气的等效阻抗增加，工作特性变为曲线Ⓑ，而参考电离室的工作特性Ⓒ不变。中间电极的对地电压变为Ⓒ与Ⓑ交点处对应的电压 U_0'，显然 U_0' 增加，而 U_i' 减小，$U_0' + U_i' = U_S$。检测中间极板上的电压 U_0 的变化量 ΔU，当其超过某一阈值时产生火灾报警信号。

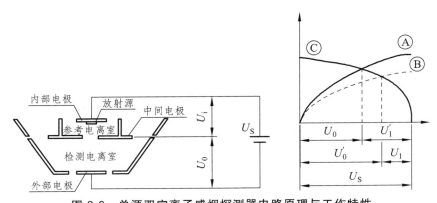

图 8-8　单源双室离子感烟探测器电路原理与工作特性

Ⓐ 无烟时检测电离室特性

Ⓑ 有烟时检测电离室特性

Ⓒ 参考电室特性

单源双室离子式感烟探测器与双源双室离子式感烟探测器相比，有以下几个优点：

（1）由于两个电离室同处在一个相通的空间，只要两者的比例设计合理，就既能保证在火灾发生时烟雾顺利进入检测室迅速报警，又能保证在环境变化时两室同时变化而避免参数的不一致。它的工作稳定性好，环境适应能力强。不仅对环境因素（温度、湿度、气压和气流）的慢变化有较好的适应性，对快变化的适应性则更好，提高了抗湿、抗温性能。

（2）增强了抗灰尘、抗污染的能力。当灰尘轻微地沉积在放射源的有效发射面上，导致放射源发射的 α 粒子的能量强度明显变化时，会引起工作电流变化，补偿室和检测室的电流均会变化，从而检测室的分压变化不明显。

（3）一般双源双室离子感烟探测器是通过调整电阻的方式实现灵敏度调节的，而单源双室离子感烟探测器则是通过改变放射源的位置来改变电离室的空间电荷分布，即源电极和中间电极的距离连续可调，这就可以比较方便地改变检测室的静态分压，实现灵敏度调节。这种灵敏度调节连续而且简单，有利于探测器响应阈值的一致性。

（4）单源双室只需一个更弱的 α 放射源，比双源双室的电离室放射源强度减少一半，而且也克服了双源双室两个放射源难以匹配的缺点。

8.3.2 光电式感烟探测器

光电式感烟火灾探测器根据烟雾对光的吸收作用和散射作用,可分为散射光式和减光式两种类型。

1. 散射光式光电感烟火灾探测器

如图 8-9 所示年为散射光式光电感烟探测原理示意图。当无烟雾时,发光元件发射的一定波长的光线直射在发光原件对应的暗室壁上,而安装在侧壁上的受光元件不能感受到光线。但当火灾发生时,烟雾进入检测暗室。光线在前进过程中照射在不规则分布的烟雾粒子上,产生散射,散射光的不规则性使一部分散射光照射在接收管上,显然烟雾粒子越多,接收光电管收到的散射光就越强,产生的光电信号也越强。当烟雾粒子浓度达到一定值时,散射光的能量就足以产生一定大小的激励电流,可用于激励外电路发出火灾信号。

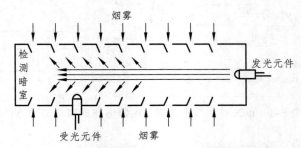

图 8-9 散射光式光电感烟探测原理图

散射光式烟雾探测器只适用于点型探测器结构,其遮光暗室中发光元件与受光元件的夹角在 90 ~ 135 之间,夹角越大,灵敏度越高。不难看出,散射光式光电感烟的实质是用一套光系统作为传感器,将火灾产生的烟雾对光特性的影响,用电的形式表示出来并加以利用。由于光学器件的寿命有限,特别是发光元件,因此在电-光转换环节采用间歇供电方式,即用一振荡电路使发光元件产生间歇式脉冲光,一般发光时间为 10 μs ~ 10 ms,间歇时间 3 s ~ 5 s。发光或受光元件多采用红外光元件——砷化镓二极管(发光峰值波长 0.94 μm)与硅光敏二极管配对。一般,散射光式感烟探测器对粒径 0.9 μm ~ 10 μm 的烟雾粒子能够灵敏探测,而对 0.01 μm ~ 0.9 μm 的烟雾粒子浓度变化无反应。

2. 减光式光电感烟火灾探测器

减光式光电感烟探测器的受光管安装位置与散射光式光电感烟探测器不同,是放在与发光管正对的位置上,如图 8-10 所示。进入光电检测暗室内的烟雾粒子对光源发出的光产生吸收和散射作用,使通过烟雾后的光通量减少,从而使受光元件上产生的光电流降低。光电流相对于初始标定值的变化量大小,反映了烟雾的浓度,据此可通过电子线路对火灾信息进行阈值比较放大、判断、数据处理或数据对比计算,以发出相应的火灾信号。

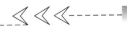

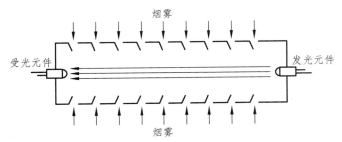

图 8-10　减光式光电感烟探测器原理图

3. 线型光电感烟探测器

所谓线型光电感烟探测器工作原理与遮光型光电感烟探测器类似,只不过它的发光原件与受光元件分别作为两个独立的器件,而将整个探测区间作为"检测暗室",不再有器件的检测暗室。发光元件安装在探测区的某个位置,接收元件安装在探测区中与发光管有一定距离的对应位置。在探测区无烟时,发射器发出的红外光束被接收器接收到,产生正常的光电信号,但当烟雾扩散到探测区时,烟雾粒子对红外光线的吸收和散射作用,使到达接收器的光信号减弱,接收器产生的光电信号也减少,对其分析判断后可产生火灾报警信号。如图 8-11 所示为线型红外光束感烟探测器的原理结构框图。

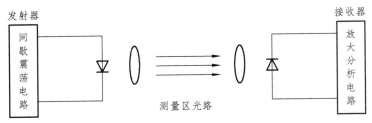

图 8-11　线型红外光束感烟探测器原理图

发射器通过测量区向接收器提供足够的红外光束能量,采用间歇发光方式可延长发光管使用寿命,通常发射脉冲宽度为 13 μs,周期为 8 ms,由间歇振荡器和发光二级管完成红外光发射。

接收器硅光电二极管作为光电转换元件,接收发射器发射来的红外光信号,把光转换为电信号后,由接收电路放大、处理、输出、报警。接收器中还有防误报、检查及故障报警电路,以提高整个系统的工作可靠性。

在发射器与接收器之间各有一块口径和焦距相同的双凸透镜分别作为发射透镜和接收透镜。红外发光管和接收硅光电二极管分别置于发射与接收端的焦点上,使测量区的光路为基本平行光线,并可方便调整发射器与接收器之间的光轴重合。

8.3.3　感温式火灾探测器

感温式火灾探测器按其作用原理分为三类:定温式、差温式和差定温式。定温式是温度达到或超过预定值时响应的感温探测器;差温式是升温速率达到预定值时响应的感温探测器;差

定温式是兼有差温和定温两种功能的感温探测器。感温火灾探测器按其感温效果和结构形式又可分为点型和线型两类。点型又分为定温、差温、差定温三种，而线型分为缆式定温和空气管式差温两种。

1. 定温式火灾探测器

当火灾发生后探测器的温度上升，探测器内的温度传感器感受火灾温度的变化，当温度达到报警阈值时，探测器发出报警信号，这种形式的探测器即为定温式火灾探测器。

定温式火灾探测器因温度传感器不同又可分为多种，如热敏电阻型、双金属片型、易熔合金型等。

热敏电阻是一种半导体感温元件，其温度-电阻特性有三种：负温度系数热敏电阻（NTC）、正温度系数热敏电阻（PTC）和临界温度热敏电阻（CTR）。它们的特性曲线如图 8-12 所示。

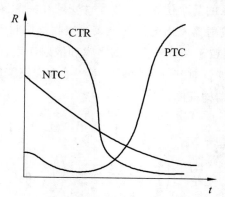

图 8-12　各种热敏电阻的温度特性

从图 8-12 中可以看到用 CTR 与 PTC 型热敏电阻构成热控开关较为理想，而 NTC 型热敏电阻的线性度更好一些。

热敏电阻的优点是电阻温度系数大，因而灵敏度高，测量电路简单；体积小、热惯性小；自身电阻大，对线路电阻可以忽略，适于远距离测量；缺点是稳定性较差和互换性差，但现在生产的有些热敏电阻的稳定性和互换性都已经有了很大提高，完全可以用作感温探测器的传感器。

双金属片是将两种不同热膨胀系数的金属片构造在一起，当温度升高时，两种材质的金属片都将受热变形，但因其膨胀系数不同，两者的变形程度不同，就会产生一个变形力，当温度达到某一定值时，用其带动导电触点的闭合或断开来实现报警，如图 8-13 所示为一种圆筒状双金属定温探测器示意图。外筒是用高膨胀系数的不锈钢片制成，筒内两条低膨胀系数的铜合金金属片各带一个电接点，常温时铜合金金属片的长度使中间部分隆起，电接点断开。金属片的两端固定在不锈钢筒的两端。当火灾发生时温度升高，不锈钢的热膨胀系数高于铜合金金属片，因此变形大，使不锈钢筒两端伸长，而铜合金片变形小，但两端随不锈钢筒变形而拉紧，使中间的隆起消失，电接点闭合发出报警信号。

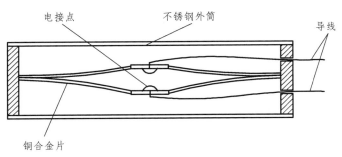

图 8-13　双金属圆筒状定温探测器结构图

易熔金属丝是一种简单易行的感温探测元件，正常时用其将电路连通，当火灾发生时，火灾温度使易熔金属丝熔断，从而使电路断开而发出报警信号。还有一种玻璃泡式感温元件与易熔金属丝的原理很相似，它是当火灾发生时，火灾温度使玻璃泡破裂从而使附着在玻璃泡上的导电体断开。

2. 差温式感温火灾探测器

正常时室内温度变化率很小，火灾发生时，有一个温度迅速升高的过程。所谓差温是指一定时间内的温度变化量，即温度的变化速率，当检测到的这个值超过设定值时发出报警信号。

膜盒式差温探测器是一种常见的差温式感温探测器，如图 8-14 所示为膜盒式差温探测器的结构图。这种探测器由感热室、膜片、泄漏孔及电接点等构成。如果环境温度缓慢变化，空气膨胀缓慢，则由于泄漏孔的作用使感温气室内的空气压力变化不大，膜片基本不变形，电接点断开。当火灾发生时，空气室内的空气随周围温度急剧升高而迅速膨胀，因为这个过程的时间很短，泄漏孔来不及将膨胀气体泄出，致使空气室内的空气压力增高，膜盒受压产生变形，使电接点闭合产生报警信号。

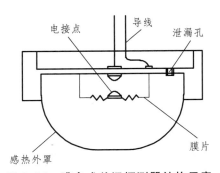

图 8-14　膜盒式差温探测器结构示意

3. 缆式线型感温探测器

缆式线型感温探测器由感温电缆和终端盒组成，感温电缆线是温度敏感元件，感温缆式线型探测器的动作不是由明火引起的，而是由被探测物温度升高到某定值时产生。感温线缆是一个热电阻元件，当温度升高时线缆的电阻值发生变化，由终端盒电路来检测这个电阻变化量并在预定值时发出报警信号。

使用探测电缆时，首先要了解受保护地点的环境温度，然后来决定电缆报警温度。当环境温度确定后，其报警温度将随电缆长度减少而增加。

8.3.4 复合型火灾探测器

无论哪种类型的火灾探测器都有其不同的优点与缺点，尚未有哪一种火灾探测器能有效、全面地探测各类火情、适用于各种场合而不产生误报的。现实生活中火灾发生的情况是多种多样的，往往由于火灾类型不同或探测器探测范围的局限，造成延误报警，复合型探测器正是为了解决这一问题而将两种不同探测原理的传感器件结合在一起,形成一种更有效地探测火情的探测器，常见的复合型探测器有下列几种：

1. 差定温复合探测器

差定温复合探测器将定温探测器和差温探测器两套机构并在一个探测器中,对温度慢慢升到某一定值或急剧上升时都能响应报警。若其中的某一功能失效，另一种功能仍能起作用，因而提高了工作的可靠性。

2. 光电感温复合探测器

这种探测器将光电感烟感温两套机构构造在一个探测器中,即可以对以烟雾为特征的早期火情予以监视，也可以对以高温为特征的后期火情予以探测。此类探测器对缓燃、阴燃和明火产生的火灾现象能够做到较好地探测，综合了光电式烟感和感温两种探测器的长处，弥补了各自的不足。

3. 光电、感温、电离式复合探测器

这种探测器的一个探头中装有 3 只传感器：光电型、感温型和电离型。它可以用在环境复杂的场合，适用于各种区域和可能发生的火灾特性的变化，提高了探测器的可靠性。

8.3.5 智能型火灾探测器

误报现象是火灾报警系统中一个十分令人头痛的问题。一般探测器是由传感器和电子电路构成的,周围环境的干扰可能引起传感器误动作或电子元件误动作，从而在不应报警时发出了报警信号。这十分容易产生"狼来了"效应。当值班人员在多次对报警信号进行核实时发现为误报后很容易产生麻痹松懈心理，而当火灾真的发生时又会以为是误报未采取相应措施而错失救火良机。为了解决这个问题，人们开发了智能型火灾探测器。

智能型火灾探测器有两种,常见的是将原来在设定值时才发出开关型报警信号的方式改为经常性向火灾报警控制器发出现场探测参数的模拟信号，一般是将其转为数字信号进行传输，由控制器根据其他探测器的现实情况和历史情况进行综合分析以判断是否有火灾发生。这就极大地减少了因周围环境干扰引起系统误报的可能性。

另一种智能型火灾探测器自身带有微处理器系统，并针对常规的、个别区域的和不同用途的地区火灾灾情判定设置了计算规则，对检测信号不断地进行分析、判断和处理，不再只是简单的根据阈值判断火灾是否发生，而是同时考虑到其他中间值。如"火势很弱—弱—适中—强—很强"，再根据预设的有关规则把这些判断信息转化为相应的报警信号，如"烟不多，但温度快速上升——发出警报""烟不多，且温度没有上升——发出预警报"等。

这种具有微处理器的探测器具有自学功能，可以将已累积的经验分类记忆，设下特定的响应程式，当日后类似的现象再发生时，可以根据特定的响应程式处理。这就要求探测系统不为环境的干扰所误导，并能在异常情况发生的初期，根据有限而时有矛盾的信息预测将要发生的现象，及时发出相应程度的警报，故而称作智能探测器。

8.4　火灾报警与消防联动系统

一个火灾报警系统一般由火灾探测报警器件、火灾报警装置、火灾警报装置和电源四部分构成。复杂的系统还应包括消防设备的控制系统。

火灾探测报警器是能对火灾参数（如烟、温光、火焰辐射、气体浓度等）进行响应并自动产生火灾报警信号的器件。按响应火灾参数的不同，火灾探测器分成感温、感烟、感光、气体火灾探测器和复合火灾探测器五个基本类型。

传统的火灾探测器是当被探测参数达到某一值时报警，因此常被称为阈值火灾探测器（或称开关量火灾探测器），但近年来出现了一种模拟量火灾探测器，它输出的信号不是开关量信号，而是所感应火灾参数值的模拟量信号或与其等效的数字量信号。它没有阈值，只相当于一个传感器。

另一类火灾报警器件是手动按钮，它是由发现火灾的人员用手动方式进行报警。

火灾报警装置是用以接收、显示和传递火灾报警信号，并能发出控制信号和具有其他辅助功能的控制设备。火灾报警控制器即为其中的一种，它能为火灾探测器提供电源，接收、显示和传输火灾报警信号，并能对自动消防设备发出控制信号，是火灾自动报警系统的核心部分。火灾报警控制器按其用途的不同，可分为区域火灾报警控制器，集中火灾报警控制器和通用火灾报警控制器三种基本类型。近年来，随着火灾探测报警技术的发展和模拟量、总线制、智能化火灾探测报警系统的逐渐应用，在许多场合，火灾报警控制器已不再分作区域、集中和通用三种类型，而统称为火灾报警控制器。在火灾报警装置中，还有一些设备如中继器、区域显示器、火灾显示盘等装置，可视为火灾报警控制器的演变或补充，在特定条件下应用，与火灾报警控制器同属火灾报警装置。

火灾警报装置是火灾自动报警系统中用以发出区别于周围环境声、光的火灾警报信号装置。它以特殊的声、光等信号向警报区域发出火灾警报信号，以警示人们采取安全疏散、灭火救灾的措施。

在火灾自动报警系统中，当接收到火灾报警信号后，能自动或手动启动相关消防设备并显

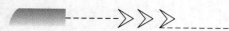

示其状态的设备称为消防控制设备,主要包括接受火灾报警控制器控制信号的自动灭火系统的控制装置、室内消火栓系统的控制装置、防排烟及空调通风系统的控制装置、常开防火门、防火卷帘的控制装置、电梯回降控制装置以及火灾应急广播、火灾警报装置、消防通信设备、火灾应急照明与疏散指示标志等。消防控制设备一般设置在消防控制中心,以便于集中统一控制。也有的消防控制设备设置在被控消防设备所在现场,但其动作信号则必须返回消防控制中心,实行集中与分散相结合的控制方式。

火灾自动报警与消防联控系统的供电应采用消防电源,备用电源采用蓄电池。

如图 8-15 所示为一典型火灾报警与消防联动系统的方框图。

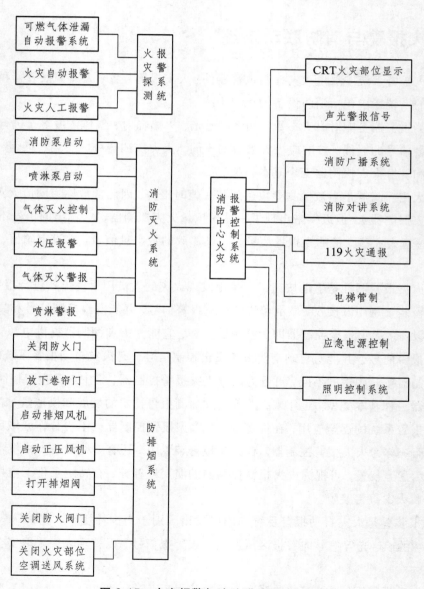

图 8-15　火灾报警与消防联动系统框图

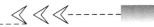

8.5　消防值班室与消防控制室

消防控制室是火灾扑救时的信息、指挥中心，也是建筑物内防火、灭火设施的显示控制中心，因此在建筑物中的地位十分重要。为了保证消防控制室发挥应有的作用，便于消防人员扑救时联系沟通，及时有效地扑灭火灾，减少人员伤亡和财产损失，根据《中华人民共和国消防法》《民用建筑电气设计规范》《火灾自动报警系统设计规范》等国家法律、法规和技术规范的要求，结合我市建筑内消防控制室的设置状况，特制定如下规定：

1．消防控制室的适用条件

仅有火灾报警系统且无消防联动控制功能时，可设消防值班室，消防值班室可与经常有人值班的部门合并设置；设有火灾自动报警系统和自动灭火系统或设有火灾自动报警系统和防、排烟系统等具有联动控制功能时，应设消防控制室。消防控制室根据实际情况，可独立设置，也可以与保安监控室合用，并保证专人 24 小时值班。

2．消防控制室的位置选择

消防控制室是保障建筑物安全的重要部位之一，应设在交通便利和火灾不易延烧的部位，具体应满足以下要求：

（1）消防控制室应设在建筑物的首层，并应设直通室外的安全出口，安全出口的门应向疏散方向开启。

（2）消防控制室应设在内部和外部的消防人员能容易找到并可以接近的房间部位，且宜靠近消防施救面一侧。

（3）消防控制室不应设在厕所、锅炉房、浴室、汽车库、变压器等的隔壁和上、下层相对应的房间，且应采用耐火极限不低于 2 H 的隔墙和 1.5 H 的楼板与其他部位分隔开。

3．消防控制室的面积要求

根据建设规模的大小，应保证有容纳消防控制设备和值班、操作、维修工作所必要的空间，消防控制室内设备的布置应满足《火灾自动警报系统设计规范》（GB50116-98）的要求，独立设置的消防控制室面积应满足以下要求：

（1）多层建筑和内部装修的消防控制室（消防值班室）的建筑面积应不小于 12 m²；

（2）二类高层建筑和一类高层住宅楼的消防控制室的建筑面积应不小于 15 m²；

（3）一类高层建筑的消防控制室的建筑面积应不小于 18 m²。

当消防控制室与保安监控室合用时，消防控制室的面积除上述规定外，还应加上保安监控设备安装、人员值班等所需要的面积之和。

4．消防系统的管理、维护要求

（1）设有消防控制室的单位应配备消防管理、维修及值班人员，且人员必须经公安消防部门培训合格后持证上岗；

（2）消防控制室应在显要位置悬挂操作规程和值班员职责，配备统一的值班记录表和使用图表，值班人员应熟悉工作业务，做好值班记录和交接班工作。

（3）建筑局部内部装修的区域报警系统信息应并入整幢建筑的消防控制室，以便及时采取应急措施，确保万无一失。

（4）消防系统的使用单位对系统应定期检查和试验，保证连续正常运行，不得随意中断。

5. 新建、扩建、改建要求

新建、扩建、改建建筑物内需要新设置的消防控制室按照此规定执行，原消防控制室有条件的可参照此规定逐步进行整改。

第 9 章　建筑安全用电

9.1　触电急救

电力作为一种最基本的能源，是国民经济及广大人民日常生活不可缺少的东西，由于电本身看不见、摸不着，它具有潜在的危险性。只有掌握了用电的基本规律，懂得了用电的基本常识，按操作规程办事，电就能很好地为人们服务。否则，就会造成意想不到的故障，导致人身触电、电气设备损坏、甚至引起重大火灾等，轻则使人受伤，重则致人死亡。所以，必须高度重视用电安全问题。

9.1.1　触电事故种类和方式

众所周知，触电事故是由电流形成的能量所造成的事故。为了更好地预防触电事故，首先我们应了解触电事故的种类、方式与规律。

1. 触电事故种类

按照触电事故的构成方式，触电事故可分为电击和电伤。

1）电　击

电击是电流对人体内部组织的伤害，是最危险的一种伤害，绝大多数（大约 85%以上）的触电死亡事故都是由电击造成的。

电击的主要特征有：

（1）伤害人体内部。

（2）在人体的外表没有显著的痕迹。

（3）致命电流较小。

按照发生电击时电气设备的状态，电击可分为直接接触电击和间接接触电击：

（1）直接接触电击：直接接触电击是触及设备和线路正常运行时的带电体发生的电击（如误触接线端子发生的电击），也称为正常状态下的电击。

（2）间接接触电击：间接接触电击是触及正常状态下不带电，而当设备或线路故障时意外带电的导体发生的电击（如触及漏电设备的外壳发生的电击），也称为故障状态下的电击。

2）电　伤

电伤是由电流的热效应、化学效应、机械效应等效应对人造成的伤害。触电伤亡事故中，纯电伤性质的及带有电伤性质的约占 75%（电烧伤约占 40%）。尽管大约 85%以上的触电死亡事故是电击造成的，但其中大约 70%的含有电伤成分。对专业电工自身的安全而言，预防电伤具有更加重要的意义。

（1）电烧伤。是电流的热效应造成的伤害，分为电流灼伤和电弧烧伤。

电流灼伤是人体与带电体接触，电流通过人体由电能转换成热能造成的伤害。电流灼伤一般发生在低压设备或低压线路上。

电弧烧伤是由弧光放电造成的伤害，分为直接电弧烧伤和间接电弧烧伤。前者是带电体与人体之间发生电弧，有电流流过人体的烧伤；后者是电弧发生在人体附近对人体的烧伤，包含熔化了的炽热金属溅出造成的烫伤。直接电弧烧伤是与电击同时发生的。

电弧温度高达 8 900 ℃ 以上，可造成大面积、大深度的烧伤，甚至烧焦、烧掉四肢及其他部位。大电流通过人体，也可能烘干、烧焦机体组织。高压电弧的烧伤较低压电弧严重，直流电弧的烧伤较工频交流电弧严重。

发生直接电弧烧伤时，电流进、出口烧伤最为严重，体内也会受到烧伤。与电击不同的是，电弧烧伤都会在人体表面留下明显痕迹，而且致命电流较大。

（2）皮肤金属化。是在电弧高温的作用下，金属熔化、汽化，金属微粒渗入皮肤，使皮肤粗糙而张紧的伤害。皮肤金属化多与电弧烧伤同时发生。

（3）电烙印。是在人体与带电体接触的部位留下的永久性斑痕。斑痕处皮肤失去原有弹性、色泽，表皮坏死，失去知觉。

（4）机械性损伤。是电流作用于人体时，由于中枢神经反射和肌肉强烈收缩等作用导致的机体组织断裂、骨折等伤害。

（5）电光眼。是发生弧光放电时，由红外线、可见光、紫外线对眼睛的伤害。电光眼表现为角膜炎或结膜炎。

2．触电方式

按照人体触及带电体的方式和电流流过人体的途径，电击可分为单相触电、两相触电和跨步电压触电。

1）单相触电

当人体直接碰触带电设备其中的一相时，电流通过人体流入大地，这种触电现象称为单相触电。对于高压带电体，人体虽未直接接触，但由于超过了安全距离，高电压对人体放电，造成单相接地而引起的触电，也属于单相触电。

低压电网通常采用变压器低压侧中性点直接接地和中性点不直接接地（通过保护间隙接地）的接线方式，这两种接线方式发生单相触电的情况如图 9-1 所示。

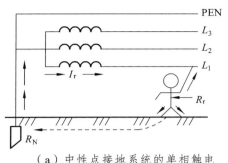
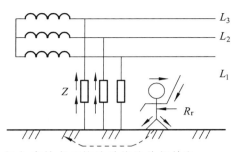

（a）中性点接地系统的单相触电　　　（b）中性点不接地系统的单相触电

图 9-1　单相触电示意图

2）两相触电

人体同时接触带电设备或线路中的两相导体，或在高压系统中，人体同时接近不同相的两相带电导体，而发生电弧放电，电流从一相导体通过人体流入另一相导体，构成一个闭合回路，这种触电方式称为两相触电。

发生两相触电时，作用于人体上的电压等于线电压，这种触电是最危险的。

3）跨步电压触电

当电气设备发生接地故障，接地电流通过接地体向大地流散，在地面上形成电位分布时，若人在接地短路点周围行走，其两脚之间形成的电位差，就是跨步电压，由跨步电压引起的人体触电，称为跨步电压触电。人体承受跨步电压时，电流一般是沿着人的下身，即从脚到胯部到脚流过，与大地形成通路，电流很少通过人的心脏重要器官，看起来似乎危害不大。但是，跨步电压较高时，人就会因脚抽筋而倒在地上，这不但会使作用于身体上的电压增加，还有可能改变电流通过人体的路径而经过人体的重要器官，因而大大增加了触电的危险性。

因此，电业工人在平时工作或行走时，一定格外小心。当发现设备出现接地故障或导线断线落地时，要远离断线落地区；一旦不小心已步入断线落地区且感觉到有跨步电压时，应赶快把双脚并在一起或用一条腿跳着离开断线落地区；当必须进入断线落地区救人或排除故障时，应穿绝缘靴。

下列情况可能发生跨步电压电击：

带电导体，特别是高压导体故障接地处，流散电流在地面各点产生的电位差造成跨步电压电击；

接地装置流过故障电流时，流散电流在附近地面各点产生的电位差造成跨步电压电击；

正常时有较大工作电流流过的接地装置附近，流散电流在地面各点产生的电位差造成跨步电压电击；

防雷装置接受雷击时，极大的流散电流在其接地装置附近地面各点产生的电位差造成跨步电压电击；

高大设施或高大树木遭受雷击时，极大的流散电流在附近地面各点产生的电位差造成跨步

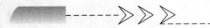

电压电击。

跨步电压的大小受接地电流大小、鞋和地面特征、两脚之间的跨距、两脚的方位以及离接地点的远近等很多因素的影响。人的跨距一般按 0.8 m 考虑。

由于跨步电压受很多因素的影响以及由于地面电位分布的复杂性，几个人在同一地带（如同一棵大树下或同一故障接地点附近）遭到跨步电压电击时，完全可能出现截然不同的后果。

4）接触电压触电

接触电压是指人站在发生接地短路故障设备的旁边，触及漏电设备的外壳时，其手、脚之间所承受的电压。由接触电压引起的触电称为接触电压触电。

在发电厂和变电所中，一般电气设备的外壳和机座都是接地的，正常时，这些设备的外壳和机座都不带电。但当设备发生绝缘击穿、接地部分破坏，设备与大地之间产生电位差时，人体若接触这些设备，其手、脚之间便会承受接触电压而触电。为防止接触电压触电，往往要把一个车间、一个变电站的所有设备均单独埋设接地体，对每台电动机采用单独的保护接地。

5）弧光放电触电

因不小心或没有采取安全措施而接近了裸露的高压带电设备，将会发生严重的放电触电事故。

6）停电设备突然来电引起的触电

在停电设备上检修时，若未采取可靠的安全措施，如未装挂临时接地及悬挂必要的标示牌，误将正在检修设备送电，致使检修人员触电。

9.1.2 电流对人体的危害

自 1879 年法国里昂一家剧院发生第一起触电死亡事故以来，人们对电击和安全电流的研究已有百年的历史。虽然在日常生活工作中，人们采取了一系列安全检查措施，但也只能减少事故的发生，因为人们的一时疏忽大意，或客观上电气绝缘性能的降低导致漏电，以及架空线路发生断线等意外情况，仍然会造成触电事故。因此，有必要对触电的方式、防止触电的措施及触电后现场紧急救护有大体的认识与了解。

1. 电流对人体的伤害

当人体触及带电体时，电流通过人体，使部分或整个身体遭到电的刺激和伤害，引起电伤和电击。电伤是指人体的外部受到电的损伤，如电弧灼伤、电烙印等。当人体处于高压设备附近而距离小于或等于放电距离时，在人与带电的高压设备之间就会发生电弧放电，人体在高达3 000 ℃ 甚至更高的电弧温度和电流的热、化学效应作用下，将会引起严重的甚至可以导致死亡的电弧灼伤。电击则指人体的内部器官受到伤害，如电流作用于人体的神经中枢，使心脏和呼吸系统机能的正常工作受到破坏，发生抽搐和痉挛，失去知觉等现象，也可能使呼吸器官和血液循环器官的活动停止或大大减弱，而形成所谓假死。此时，若不及时采用人工呼吸和其他医疗方法救护，人将不能复生。

人触电时的受害程度与作用于人体的电压、人体的电阻、通过人体的电流值、电流的频率、电流通过的时间、电流在人体中流通的途径以及人的体质情况等因素有关，而电流值则是危害人体的直接因素。

2. 影响触电危险程度的因素

触电的危险程度同很多因素有关：① 通过人体电流的大小；② 电流通过人体的持续时间；③ 电流通过人体的不同途径；④ 电流的种类与频率的高低；⑤ 人体电阻的高低。其中，以电流的大小和触电时间的长短为主要因素。

1）通过人体的电流量对电击伤害的程度有决定性的作用

通过人体的电流越大，人体的生理反应越明显，引起心室颤动所需的时间越短，致命的危险就越大。对于工频交流电，按照通过人体的电流大小不同，人体呈现不同的状态，可将电流划分为三级：① 感知电流：引起人感觉的最小电流称为感知电流。人对电流最初的感觉是轻微麻抖和刺痛。② 摆脱电流：电流大于感知电流时，发热、刺痛的感觉增强。电流大到一定程度，触电者将因肌肉收缩，发生痉挛而紧抓带电体，不能自行摆脱电源。人触电后能自主摆脱电源的最大电流称为摆脱电流。③ 致命电流：在较短时间内危及生命的电流称为致命电流。电击致死的主要原因，大都是电流引起心室颤动造成的。心室颤动的电流与通电时间的长短有关。当时间由数秒到数分钟，通过电流达 30～50 mA 时即可引起心室颤动。

2）电流通过人体的持续时间对人体的影响

通电时间愈长，愈容易引起心室颤动，电击伤害程度就愈大，这是因为：①通电时间愈长，能量积累增加，就更易引起心室颤动。②在心脏搏动周期中，有约 0.1 s 的特定相位对电流最敏感。因此，通电时间愈长，与该特定相位重合的可能性就愈大，引起心室颤动的可能性也便越大。③通电时间愈长，人体电阻会因皮肤角质层破坏等原因而降低，从而导致通过人体的电流进一步增大，受电击的伤害程度亦随着增大。

3）电流通过人体不同途径的影响

电流流经心脏会引起心室颤动而致死。较大的电流还会使心脏即刻停止跳动，在通电途径中，以从手经胸到脚的通路为最危险，从一只脚到另一只脚危险性较小。电流纵向通过人体要比横向通过人体时，更易发生心室颤动，因此危险性更大一些。电流通过中枢神经系统时，会引起中枢神经系统失调而造成呼吸抑制，导致死亡。电流通过头部，会使人昏迷，严重时会造成死亡。电流通过脊髓时会使人截瘫。

4）电流种类、电源频率对人体的影响

相对于 220 V 交流电来说，常用的 50～60 Hz 工频交流电对人体的伤害最为严重，频率偏离工频越远，交流电对人体的伤害越轻。在直流和高频情况下，人体可以耐受更大的电流值，但高压高频电流对人体依然是十分危险的。

5）人体电阻高低的影响

人体触电时，流过人体的电流（当接触电压一定时）由人体的电阻值决定，人体电阻越小，

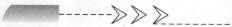

流过人体的电流越大,也就越危险。

人体电阻包括体内电阻和皮肤电阻。体内电阻基本上不受外界影响,其数值一般不低于500 Ω。皮肤电阻随条件不同而有很大的变化,使人体电阻也在很大范围内有所变化。一般人的平均电阻值是 1 000 ~ 1 500 Ω。

9.1.3 触电事故规律

为防止触电事故,应当了解触电事故的规律。根据对触电事故的分析,从触电事故的发生率上看,可找到以下规律:

1. 触电事故季节性明显

统计资料表明,每年二三季度事故多。特别是 6 ~ 9 月,事故最为集中。主要原因为:一是这段时间天气炎热,人体衣单而多汗,触电危险性较大;二是这段时间多雨、潮湿,地面导电性增强,容易构成电击电流的回路,而且电气设备的绝缘电阻降低,容易漏电。再次,这段时间在大部分农村都是农忙季节,农村用电量增加,触电事故因而增多。

2. 低压设备触电事故多

国内外统计资料表明,低压触电事故远远多于高压触电事故。其主要原因是低压设备远远多于高压设备,与之接触的人比与高压设备接触的人多得多,而且都比较缺乏电气安全知识。应当指出,在专业电工中,情况是相反的,即高压触电事故比低压触电事故多。

3. 携带式设备和移动式设备触电事故多

携带式设备和移动式设备触电事故多的主要原因是这些设备是在人的紧握之下运行,不但接触电阻小,而且一旦触电就难以摆脱电源;另一方面,这些设备需要经常移动,工作条件差,设备和电源线都容易发生故障或损坏;此外,单相携带式设备的保护零线与工作零线容易接错,也会造成触电事故。

4. 电气连接部位触电事故多

大量触电事故的统计资料表明,很多触电事故发生在接线端子、缠接接头、压接接头、焊接接头、电缆头、灯座、插销、插座、控制开关、接触器、熔断器等分支线、接户线处。主要是由于这些连接部位机械牢固性较差、接触电阻较大、绝缘强度较低以及可能发生化学反应的缘故。

5. 错误操作和违章作业造成的触电事故多

大量触电事故的统计资料表明,有 85%以上的事故是由于错误操作和违章作业造成的。其主要原因是由于安全教育不够、安全制度不严和安全措施不完善、操作者素质不高等。

6. 不同行业触电事故不同

冶金、矿业、建筑、机械行业触电事故多。由于这些行业的生产现场经常伴有潮湿、

高温、现场混乱、移动式设备和携带式设备多以及金属设备多等不安全因素，以致触电事故多。

7. 不同年龄段的人员触电事故不同

中青年工人、非专业电工、合同工和临时工触电事故多。其主要原因是由于这些人是主要操作者，经常接触电气设备；而且，这些人经验不足，又比较缺乏电气安全知识，其中有的责任心还不够强，以致触电事故多。

8. 不同地域触电事故不同

部分省市统计资料表明，农村触电事故明显多于城市，发生在农村的事故约为城市的 3 倍。

从造成事故的原因上看，由于电气设备或电气线路安装不符合要求，会直接造成触电事故；由于电气设备运行管理不当，使绝缘损坏而漏电，又没有切实有效的安全措施，也会造成触电事故；由于制度不完善或违章作业，特别是非电工擅自处理电气事务，很容易造成电气事故；接线错误，特别是插头、插座接线错误造成过很多触电事故；高压线断落地面可能造成跨步电压触电事故等。应当注意，很多触电事故都不是由单一原因，而是由两个以上的原因造成的。

触电事故的规律不是一成不变的。在一定的条件下，触电事故的规律也会发生一定的变化。例如，低压触电事故多于高压触电事故在一般情况下是成立的，但对于专业电气工作人员来说，情况往往是相反的。因此，应当在实践中不断分析和总结触电事故的规律，为做好电气安全工作积累经验。

9.1.4 触电急救

1. 触电急救"八字方针"

根据长期实践，在总结抢救触电者的经验中，概括起来四句话八个字，即要做到：迅速、就地、准确、坚持。

2. 触电急救的基本原则

（1）发现有人触电，必须保持头脑冷静，切忌惊慌失措，尽快断开与触电人接触的带电体，使触电人脱离电源，这是减轻触电伤害和实施紧急救护的关键和首要工作。

（2）救护人必须熟悉触电紧急救护方法。当触电者脱离电源后，应根据其临床表现施行人工呼吸或胸外心脏挤压法，按动作要领操作，以获得救治效果。

（3）抢救触电生命垂危者，一定要在现场或附近就地进行。切忌长途护送到医院，以免延误抢救时间。

（4）紧急抢救要有信心和耐心，不要因一时抢救无效而轻易放弃抢救。

（5）救护人员在救护触电者时，必须注意自身和周围人员的安全。当触电者尚未脱离电源，救护者也未采取必要的安全措施前，严禁用手直接拉触电者。

（6）若触电者所处位置较高，应采取相应措施，以防触电者脱离电源时从高处摔下。

（7）当触电事故发生在夜间时，应考虑好临时照明，以防切断电源时失去照明，以利救护。

3. 紧急救护法

1）通　则

紧急救护的基本原则是在现场采取积极措施保护伤员生命，减轻伤情，减少痛苦并根据伤情需要，迅速联系医院拨打120进行紧急救护。急救的成功条件是动作快、操作准确。任何拖延和操作错误都会导致伤员伤情加重或死亡。要认真观察伤员全身情况，防止伤情恶化。发现呼吸、心跳停止时，应立即在现场就地抢救，用心肺复苏法支持呼吸和循环，对脑、心重要脏器供氧。应当切记，只有在心脏停止跳动时分秒必争地迅速抢救，救活的可能才较大。

现场工作人员都应定期进行培训，学会紧急救护法，要会正确解脱电源、会心肺复苏法、会止血、会包扎、会转移搬运伤员、会处理急救外伤或中毒等。

2）触电急救法

触电急救必须分秒必争，立即就地迅速用心肺复苏法进行抢救，并坚持不断地进行，同时及早与120联系，争取用最快的时间让医务人员到场。在医务人员未接替救治之前不应放弃现场抢救，更不能只根据没有呼吸或脉搏来判定伤员死亡，放弃抢救。只有医生有权作出伤员死亡的诊断。

3）脱离电源

触电急救，首先要使触电者迅速脱离电源，越快越好。因为电流作用的时间越长其对人身的伤害越重。

（1）脱离电源就是要把触电者接触的那一部分带电设备的开关、刀闸或其他断路设备断开，或设法将触电者与带电设备或带电导体脱离。在脱离电源中，救护人员即要救人，也要注意保护自己。

（2）触电者未脱离电源前，救护人员不准直接用手触及伤员，因为触电的危险依然存在。

（3）如触电者处于高处，在解脱电源后会自高处坠落，因此，要采取预防措施。

（4）触电者触及低压带电设备，救护人员应设法迅速切断电源，如拉开电源开关或刀闸、拔除电源插头等，或使用绝缘干燥的器具、干燥的木棒、木板、绳索、衣服等不导电的东西解脱触电者，也可抓住触电者干燥而不贴身的衣服，将其拖开，切记要避免碰到金属物体和触电者的裸露身躯；也可戴绝缘手套或将手用干燥衣物等包起绝缘后解脱触电者；救护人员也可站在绝缘垫上或干木版上，绝缘自己进行救护。

为使触电者与导电体解脱，最好用一只手进行。

（5）如果电流通过触电者入地，并且触电者紧握电源线，可设法用干木板塞到其身下，与

地隔离，也可用干木把斧子或有绝缘柄的钳子等将电线剪断。剪断电源线要分相操作，一根一根地剪断，并尽量可能站在绝缘体或干木板上。

（6）触电者触及高压带电设备，救护人员应迅速切断电源，或用适合该电压等级的绝缘工具戴绝缘手套，解脱触电者。救护人员在抢救的过程中应注意保持自身与周围带电部分必要的安全距离。

（7）如果触电发生在架空线的杆塔上，如低压带电线路，若可能立即切断线路电源的，应迅速切断电源，或者由救护人员迅速登杆，束好自己的安全带后，用带绝缘胶柄的钢丝钳、干燥的不导电物体或绝缘物体将触电者拉离电源；如高压带电线路，又不可能迅速切断电源开关的，可采用抛挂足够截面的适当长度的金属短路线方法，使电源开关调闸。抛挂前，将短路线一端固定在铁塔或接地引下线上，另一端系重物，但抛掷短路线时，应注意防止电弧伤人或断线危及人员安全。不论是何级电压线路上触电，救护人员在使触电者脱离电源时，要注意防止发生高处坠落的可能和再次触及其他有电线路的可能。

（8）如果触电者触及断落在地上的带电高压导线，且尚未确证线路无电，救护人员在未做好安全措施前，不能接近断线点 8～10 米范围内，防止跨步电压伤人。触电者脱离带电导线后，亦迅速带至 8～10 米以外的地方立即开始触电急救。只有在确证线路已经无电，才可在触电者离开触电导线后，立即就地进行急救。

（9）救护触电伤员切除电源时，有时会同时使照明失电，因此应考虑事故照明，应急灯等临时照明。新的照明要符合使用场所防火、防爆的要求。但不能因此延误切除电源和进行急救。

4）伤员脱离电源后的处理

（1）伤员的应急处置。

触电伤员如神志清醒者，应使其就地躺平，严密观察，暂时不要站立或走动。

触电伤员如神志不清者，应就地仰面躺平，且确保气道通畅，并用 5 秒时间，呼叫伤员或轻拍其肩部，以判定伤员是否意识丧失。禁止摇动伤员头部呼叫伤员。

需要抢救的伤员，应立即就地坚持正确抢救，并设法联系医疗部门接替救治。

（2）呼吸、心跳情况的判定。

触电伤员如意识丧失，应在 10 秒内用看、听、试的方法判定伤员呼吸心跳情况。

看：看伤员的胸部、腹部有无起伏动作。

听：用耳贴近伤员的口鼻处，听有无呼气声音。

试：试测口鼻有无呼气的气流。再用两手指轻试一侧喉结旁凹陷处的颈动脉有无搏动。

若看、听、试结果即无呼吸又无颈动脉搏动，可判定呼吸心跳停止。

5）心跳复苏法

（1）触电伤员呼吸和心跳均停止时，应立即按心肺复苏法支持生命的三项基本措施，即通

畅气道、人工呼吸、胸外按压，正确进行就地抢救。

（2）通畅气道：

触电伤员呼吸停止，重要的是始终确保气道通畅。如发现伤员口内有异物，可将其身体及头部同时侧转，迅速用一个手指或用两手指交叉从口角处插入，取出异物；操作中要注意防止将异物推倒咽喉深部。

通畅气道可采用仰头抬颏法。用一只手放在触电者前额，另一只手的手指将其下颌骨向上抬起，两手协同将头部推向后仰，舌根随之抬起，气道即可通畅。严禁用枕头或其他物品垫在伤员头下，头部抬高前倾，会更加重气道阻塞，且使胸外按压时流向脑部的血流减少，甚至消失。

（3）口对口人工呼吸：

在保持伤员气道通畅的同时，救护人员用放在伤员额上的手指捏住伤员鼻翼，救护人员深吸气后，与伤员口对口紧合，在不漏气的情况下，连续大口吹气两次，每次 1~1.5 秒。如两次吹气后试测颈动脉仍无搏动，可判断心跳已经停止，要立即同时进行胸外按压。

除开始时大口吹气两次外，正常口对口呼吸的吹气量不需过大，以免引起胃膨胀。吹气和放松时，要注意伤员胸部应有起伏的呼吸动作。吹气时如有较大阻力，可能是头部后仰不够，应及时纠正。

触电伤员如牙关紧闭，可口对鼻人工呼吸，口对鼻人工呼吸吹气时，要将伤员嘴紧闭，防止漏气。

（4）胸外按压：

正确的按压位置是保证胸外按压效果的重要前提。确保正确按压位置的步骤；

① 右手的食指和中指沿触电伤员的右侧肋弓下缘向上，找到肋骨和胸骨结合处的中点；

② 两手指并齐，中指放在切迹中点，食指平放在胸骨下部；

③ 另一只手的掌根紧挨食指上缘，置于胸骨上，即为正确按压位置。

正确的按压姿势是达到胸外按压效果的基本保证。

（5）正确的按压姿势：

① 使触电伤员仰面躺在平硬的地方，救护人员立或跪在伤员一侧肩旁，救护人员的两肩位于伤员胸骨正上方，两臂伸直，肘关节固定不屈，两手掌根相叠，手指翘起，不接触伤员胸壁；

② 以髋关节为支点，利用上身的重力，垂直将正常成人胸骨压陷 3~5 厘米；

③ 压至要求程度后，立即全部放松，但放松时救护人员的掌根不得离开胸壁；

④ 按压必须有效，有效的标志是按压过程中可触及颈动脉搏动。

（6）操作频率：

① 胸外按压要以均匀速度进行，每分钟 80 次左右，每次按压和放松的时间相等；

② 胸外按压与口对口人工呼吸同时进行，其节奏为：单人抢救时，每按压 15 次后吹气 2

次，反复进行；双人抢救时，每按压 5 次后由另一人吹气 1 次，反复进行。

6）抢救中的再判定

按压吹气 1 分钟后，应看、听、试，再次检查伤员的呼吸和心跳是否恢复。

若判定颈动脉以有搏动但无呼吸，则暂时停止胸外按压，而再进行 2 次口对口人工呼吸，接着每 5 秒吹一次。如脉搏和呼吸均未复苏，则继续坚持心脏复苏法抢救。

重要的是不要忘了及时拨打 120。

9.2 接地装置

1. 接地体的分类

按接地体的结构可分为自然接地体和人工接地体两类；按其布置方式可分为外引式接地体和回路式接地体两种；相应的接地线亦有自然接地线和人工接地线两种。

1）自然接地体

交流电力设备的接地装置应充分利用自然接地体，一般可利用：

（1）埋设在地下的金属管道（易燃、易爆性气体、液体管道除外）、金属构件等；

（2）敷于地下的而其数量不少于两根的电缆金属护套；

（3）与大地有良好接触的金属桩、柱等；

（4）混凝土构件中的钢筋基础。

交流电力设备的自然接地线、一般可利用：

（1）建筑物的金属结构，例如桁架、柱子、梁及斜撑等；

（2）生产用的金属结构，例如起重机轨道、配电装置的外壳、走廊、平台、电梯竖井、起重机与升降机的构架、运输皮带的钢梁、电除尘器的构架等；

（3）敷设导线用的钢管，封闭式母线的钢外壳，钢索配线的钢索；

（4）电缆的金属构架，铅构架、铅护套（通信电缆除外）；

（5）不流经可燃液体或气体的金属管道可用作低压设备接地线。

敷设接地体时，应首先选用自然接地体，因为它具有以下优点：

（1）自然接地体一般较长，与地的接触面积较大，流散电阻小，有时能达到采用专门接地体所不能达到的效果。

（2）用电设备大多数情况下与自然接地体相连，事故电流从自然接地体流散，所以比较安全。

（3）自然接地体在地下纵横交错，作为接地体可以等化电位。

2）人工接地体

当自然接地体的流散电阻不能满足要求时，可敷设人工接地体。但是，在实际工作中往往因为利用自然接地体有很多困难。自然接地体在保证最小电阻时不太可靠，所以有时在自

然接地体可用而又能满足要求的电阻情况下，也敷设人工接地体，并使人工接地体与自然接地体相接。

对于 1 000 V 以上接地电流的电气设备的保护接地，除了利用自然接地体以外，还必须敷设流散电阻不大于 1 Ω 的人工接地体。直流电力电路不应利用自然接地体，直流电路专用的人工接地体不应与自然接地体相连。

人工接地体一般采用钢管、角钢、圆钢、扁钢制成。在一般性土壤中可采用未经电镀的黑色钢材；在有较严重化学腐蚀性的土壤中应

采用镀锌的钢材。对于避雷针的接地装置，在一般性土壤中也应采用镀锌钢材，以确保安全。

3）外引式接地体

将接地体集中布置于电气装置区外的某一点的接地体称为外引式接地体，如图 3-1 所示。外引式接地体的主要缺点是既不可靠，也不安全。由于电位分布极不均匀，人体接触到距接地体近的电气设备时其接触电压小；接触到距接地体远的电气设备时其接触电压大；接触到离接地体 20 m 以外的电气设备时的接触电压将近等于接地体的全部对地电压（见图 1-4）。

从图 3-1 中可以看出，外引式接地体与室内接地线仅通过两条干线来连接。若此两条干线发生损伤时，整个接地线就同接地体断开。但两条干线同时发生损伤的情况是较少的。

4）回线式接地体

为避免外引式的缺点，一般的作法是敷设回路（环路）式接地体，如图 9-2 所示。回路式接地体电位分布比较均匀，从而可以减少跨步电压和接触电压。

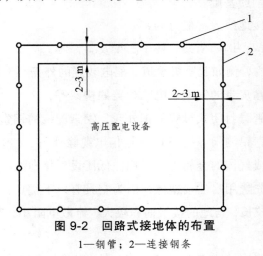

图 9-2　回路式接地体的布置

1—钢管；2—连接钢条

2．接地体的安装

1）人工接地体的布置方式

人工接地体宜采用垂直接地体。多岩地区和土壤电阻率较高的地区，可采用水平接地体。

（1）垂直接地体的布置。在普通沙土壤地区（土壤电阻率 $\rho \leqslant 3 \times 10 \, \Omega \cdot m$），因地电位分

布衰减较快，可采用以管形接地体为主的棒带式接地装置。采用管形接地体的优点是：机械强度高，可以用机械方法打入土壤中，施工较简单；达到同样电阻值，较其他接地体经济；容易埋入地下较深处，土壤电阻率变化较小；与接地线易于连接，便于检查；用人工方法处理土壤时，易于加入盐类溶液。

在一般情况下，镀锌钢管管径为 48 ～ 60 mm，常用 50 mm；长度为 2 ～ 3 m，常用 2.5 m。因为直径太小，机械强度小、容易弯曲、不易打入地下；直径太大，流散电阻降低不多，例如 125 mm 钢管比 50 mm 钢管流散电阻只小约 15%。长度与流散电阻也有关系，管长小于 2.5 m 时，流散电阻增加很多；但管长大于 2.5 m 时，流散电阻减小值很小。为了减少外界温度、湿度变化对流散电阻的影响，管的顶部距地面应不小于 0.6 m，通常取 0.6 ～ 0.8 m。接地体的布置应根据安全、技术要求因地制宜安排，可以组成环形、放射形或单排布置。环形布置时，环上不能有开口端；为了减小接地体相互间的流散屏蔽作用，相邻垂直接地体之间的距离可取其长度的 2 倍左右。垂直接地体上端采用扁钢或圆钢连接，成排布置的接地装置，在单一小容量电气设备接地中应用较多，例如小容量配电变压器接地。

（2）水平接地体的布置。在多岩地区和土壤电阻率较高（ $3 \times 10 \ \Omega m \leqslant \rho \leqslant 5 \times 10 \ \Omega \cdot m$ ）的地区，因地电位分布衰减较慢，宜采用水平接地体为主的棒带接地装置。水平接地体通常采用 40 mm × 4 mm 镀锌扁钢，或直径为 12 ～ 16 mm 的镀锌圆钢组成，可呈放射形、环形或成排布置。水平接地体应埋设于冻土层以下，一般深度为 0.6 ～ 1 m，扁钢水平接地体应立面竖放，这样有利于减少流散电阻。变配电所的接地装置，应敷设以水平接地体为主的人工接地网。常用人工接地装置选择如表 3-9。

2）接地装置的导体截面要求

应符合热稳定和场压的要求，钢质接地体和接地线的最小尺寸见表 9-1；铜、铝接地线只能用于地面以上，其最小尺寸见表 9-2。

表 9-1　钢质接地体和接地线的最小尺寸

材料种类		地　上		地　下	
		室内	室外	交流	直流
圆钢直径/mm		6	8	10	12
扁钢	截面/mm²	60	100	100	100
	厚度/mm	3	4	4	6
角钢厚度/mm		2	2.5	4	6
钢管管壁厚度/mm		2.5	2.5	3.5	4.5

表 9-2　铜、铝接地线的最小尺寸　　　　/mm²

明设的裸导线	铜	铝
绝缘导线	4	6
电缆接地芯或与相线包在同一保护套内的多芯导线的接地芯	1.5	2.5
	1	1.5

3）接地体安装的其他要求

除前面讲述的一些要求外，还应注意以下问题。

（1）交流电力电路同时采用自然、人工两种接地体时，应设置分开测量接地电阻的断开点。自然接地体应不少于两根导体在不同部位与人工接地体相连接。

（2）接地体埋设位置离独立避雷针接地体之间的地下距离不得小于 3 m；离建筑物墙基之间的地下距离不得小于 1.5 m；经过建筑物人行通道的接地体应采用帽檐式均压带做法。

（3）车间接地干线与自然接地体或人工接地体相连时，应不少于两根导体在不同地点连接。

（4）接地体所有连接处均应采用搭接焊，搭接部分的长度扁钢应不小于宽度的 2 倍，应有 3 个邻边施焊；圆钢应不小于直径的 6 倍，应在两侧面施焊，凡焊接处均应刷沥青油防腐。

9.3 电气安全装置

1. 电气设备触电防护分类

按照触电防护方式，电气设备分为以下 5 类：

（1）0 类。这种设备仅仅依靠基本绝缘来防止触电。0 类设备外壳上和内部的不带电导体上都没有接地端子。

（2）01 类。这种设备也是依靠基本绝缘来防止触电的，但是，这种设备的金属外壳上装有接地（零）的端子，不提供带有保护芯线的电源线。

（3）I 类。这种设备除依靠基本绝缘外，还有一个附加的安全措施。I 类设备外壳上没有接地端子，但内部有接地端子，自设备内引出带有保护插头的电源线。

（4）II 类。这种设备具有双重绝缘和加强绝缘的安全防护措施。

（5）III 类。这种设备依靠超低安全电压供电以防止触电。

手持电动工具没有 0 类和 0I 类产品，市售产品基本上都是 II 类设备。移动式电气设备大部分是 I 类产品。

2. 低压配电系统保护装置

（1）过载保护：热继电器，热脱扣器，熔断器（照明及无冲击负载线路或设备）。

（2）短路保护：熔断器，电磁式过电流继电器，脱扣器。

（3）欠压、失压保护：欠压、失压脱扣器。

（4）熔断器的额定电流应大于电动机长期允许负荷的 1.2～2.5 倍。

（5）双金属热继电器适用于长期运行、恒定负荷的笼形电动机，对其他类型的电动机不适合；热继电器的电流整定，宜按交流电动机的额定电流选择（1.1～1.2I_e）。

（6）在选用自动空气开关时，其单相短路电流应大于瞬时（或短延时）动作过电流脱扣器整定值的 1.5 倍。

3. 漏电保护装置

（1）分电压型（已完全淘汰）和电流型漏电保护器。

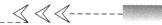

（2）漏电保护器的选择：

1）直接接触保护

对经常和操作人员接触的电动工具、移动式电气设备、临时架设的供电线路和没有双重绝缘的手持式电动工具，推荐在供电回路中安装动作电流 30 mA、并能在 0.1 s 内动作的漏电开关或漏电保护器；

居民住宅安装动作电流 30 mA 和在 0.1 s 内动作的小容量漏电开关或漏电插座；

额定电压 220 V 以上的 I 类电动工具，安装动作电流 15 mA 并在 0.1 s 内动作的漏电保护器。

2）间接接触保护

漏电动作电流：$I \leqslant U/R$

式中　U——允许接触电压；

　　　R——设备接触电阻。

一般额定电压为 220 V 或 380 V 的固定电气设备，其外壳接地电阻在 500 Ω 以下，单机可配 30 mA 0.1 s 动作的漏电保护器；对额定电流 100 A 以上的大型设备或带有多台电气设备的供电回路，也可以选用 500 mA 至 100 mA 动作的漏电开关；

3）根据工作电压和使用场合选择

380 V/220 V 低压电网中，其接地电阻达不到规定值（4 Ω 或 10 Ω）应装设漏电保护器；潮湿环境即使工作电压低（如 36 V），也应安装动作电流 15 mA 以下 0.1 s 内动作或动作电流 6～10 mA 的反时限特性的漏电开关；具有双重绝缘或加强绝缘的低压电气设备，一般情况下不需安装漏保，用在潮湿场所时应安装 15～30 mA 并在 0.1 s 内动作的漏保，也可安装 10 mA 以下动作并有反时限特性的漏电开关。

4）根据电路和用电设备的正常泄漏电流选择

泄漏电流不易测，按以下经验公式：

照明电路和居民生活用电的单相电路：$I \geqslant Ih/2\,000$

三相三线制或三相四线制的动力线路或动力和照明混合线路：

$$I \geqslant I_h/1\,000$$

其中　I——漏电保护装置动作电流；

　　　I_h——电路最大供电电流。

5）选择和选择

漏电保护器分单极二线、二极、二极三线、三极、三极四线、四极等形式。单极二线，二极三线、三极四线均有一根穿过检测元件而不能断开的中性线，接线时要分清相线和中性线。在安装前首选要分清电网是接地保护还是接零保护，然后弄清用电设备是单相二相还是三相。

注意事项：装设漏电保护器，同时要装保护线（保护接地，保护接零）；保护线不能穿过漏电保护器；工作零线必须穿过漏电保护器；工作零线不能重复接地。

9.4　用电安全的组织措施

电气安全组织管理措施的内容很多，可以归纳为以下几个方面的工作：

（1）管理机构和人员。电工是特殊工种，又是危险工种不安全因素较多。同时，随着生产的发展，电气化程度不断提高，用电量迅速增加，专业电工日益增多，而且分散在全厂各部门。因此，电气安全管理工作十分重要。为了做好电气安全管理工作，要求技术部门应当有专人负责电气安全工作，动力部门或电力部门也应有专人负责用电安全工作。

（2）规章制度各项规章制度是人们从长期生产实践中总结出来的，是保障安全、促进生产的有效手段。安全操作规程、电气安装规程，运行管理和维修制度及其他规章制度都与安全有直接的关系。

（3）电气安全检查。电气设备长期带缺陷运行、电气工作人员违章操作是发生电气事故的重要原因。为了及时发现和排除隐患，应教育所有电气工作人员严格执行安全操作规程，而且必须建立并严格执行一套科学的、完善的电气安全检查制度。

（4）电气安全教育。为了确保各单位内部电气设备安全、经济、合理的运行，必须加强电工及相关作业人员的管理、培训和考核，提高工作人员的电气作业技术水平和电气安全水平。

（5）安全资料。安全资料是做好安全工作的重要依据。一些技术资料对于安全工作也是十分必要的，应注意收集和保存。为了工作和检查方便，应建立高压系统图、低压布线图、全厂架空线路和电缆线路布置图等其他图形资料。对重要设备应单独建立资料。每次检修和试验记录应作为资料保存，以便核对。设备事故和人身事故的记录也应作为资料保存。应注意收集国内外电气安全信息，并予以分类，作为资料保存。

参考文献

[1] 汪永华. 建筑电气[M]. 2 版.北京：机械工业出版社，2015.

[2] 赵乃卓. 建筑电气[M]. 哈尔滨：哈尔滨工业大学出版社，2014.

[3] 尤大千. 浅谈高层建筑电气装置及线路的防雷保护[J]. 建筑电气，1992.

[4] 徐以标. 浅析安全用电的技术策略[J]. 吉林广播电视大学学报，2015，08.

[5] 电力企业复转军人培训系列教材编委会. 电力企业复转军人培训系列教材 高压电器[M]. 北京：中国电力出版社，2013.

[6] 肖朋生. 低压电器控制技术[M]. 北京：北京大学出版社，2014.